Philipp Meran

Winterfuchs und Schnepfenstrich

Stocker

Philipp Meran

Winterfuchs
und
Schnepfenstrich

... meine Heimat ist die Jagd!

Leopold Stocker Verlag
Graz – Stuttgart

Umschlaggestaltung: Werbeagentur Rypka GmbH, A-8143-Dobl/Graz
Titelbild: Erich Marek, Schwenningen
Bildnachweis: Die Bilder im Innenteil wurden uns freundlicherweise vom Autor zur Verfügung gestellt.

Bibliografische Information der Deutschen Nationalbibliothek
Die Deutsche Nationalbibliothek verzeichnet diese Publikation in der Deutschen Nationalbibliografie; detaillierte bibliografische Daten sind im Internet über http://dnb.d-nb.de abrufbar.

Hinweis:
Dieses Buch wurde auf chlorfrei gebleichtem Papier gedruckt. Die zum Schutz vor Verschmutzung verwendete Einschweißfolie ist aus Polyethylen chlor- und schwefelfrei hergestellt. Diese umweltfreundliche Folie verhält sich grundwasserneutral, ist voll recyclingfähig und verbrennt in Müllverbrennungsanlagen völlig ungiftig.

Auf Wunsch senden wir Ihnen gerne kostenlos unser Verlagsverzeichnis zu:
Leopold Stocker Verlag GmbH
Hofgasse 5/Postfach 438
A-8011 Graz
Tel.: +43 (0)316/82 16 36
Fax: +43 (0)316/83 56 12
E-Mail: stocker-verlag@stocker-verlag.com
www.stocker-verlag.com

ISBN 978-3-7020-1546-6

Layout und Repro: Werbeagentur Rypka GmbH, A-8143-Dobl/Graz, www.rypka.at
Druck: Druckerei Theiss, A-9431 St. Stefan im Lavanttal

Inhaltsverzeichnis

Widmung

Ich widme dieses Buch meinem Bruder Feri, der am 29. Juli 2014 diese Welt für immer verlassen hat. Ich habe meine ganze Kindheit und einen großen Teil meiner Jugend mit ihm verbracht. Ich kann ihn also am besten beschreiben.

Ein Leben ohne unseren Feri ist ein anderes Leben geworden.
Seine letzten Worte an mich waren: „Mach's gut, bis zum nächsten Mal."
Er fehlt mir wirklich sehr.

Vorwort

Das Bücherschreiben ist heute nicht mehr das, was es einmal war. Die elektronische Konkurrenz ist zwar nicht so entscheidend, als man ursprünglich annahm, auch wenn die Jugend sich natürlich verstärkt ihrer bedient. Für mich sind und bleiben die Leser ausschlaggebend. Es ist nicht so wichtig, wie viele Bücher man verkauft. Wie in so vielen Sparten des Lebens bleibt die Qualität auf Dauer immer der Quantität überlegen. Und wenn die Zahl der in meinen Augen guten Bücher, jene der „jetztbezogenen" Werke vielleicht in vielen Fällen nicht auf Dauer erreicht, bleibt mein Prinzip: Die Wahrheit wird sich durchsetzen. Ähnlich habe ich es in „meinem" Jagdmuseum gehalten. Ein alter Autor und die Vergangenheit kennender Mensch kann abseits von Mode, Technik und Zeitgeist über das berichten, was er selbst erlebt oder in der Jugend gehört hat. Vierzigjährige Historiker können zwar wissenschaftlich hervorragend sein, mit dem völlig unbeeinflussten Zeitzeugen können sie es aber niemals aufnehmen. Ihr Wissen stammt aus der Feder anderer, aus Medien und Werken, die dem jeweiligen Zeitgeist entsprechen. Man darf sich aber niemals täuschen lassen. Auch im Lager der anderen gibt es große Könner.

Was mich anbelangt, wollte ich eigentlich immer Feuilletonist oder Kolumnist werden. Seit meinem zehnten Lebensjahr habe ich täglich Zeitung gelesen und die Welt mit kritischen Augen betrachtet. Die Trends kommen und gehen, sie haben mich nie interessiert und beeinflusst. Nehmen Sie, meine lieben Leser, die Texte eines nie beeinflussten Zeitzeugen mit dem gleichen Interesse entgegen, mit dem sie meine vielen – vielleicht zu vielen – Bücher gelesen haben. Mit der Vergangenheit wird heutzutage oft Schindluder getrieben. Bitte nehmen Sie mein – vielleicht letztes – Buch mit der gleichen Sympathie entgegen wie seine Vorgänger. So wie ich in der Jugend war, so blieb ich ein überzeugter, wahrheitsliebender und wertkonservativer Mensch. Und konservativ heißt bewahrend. Darin ist auch das Wort enthalten, dem ich mich immer verpflichtend fühlte: Wahrheit.

Unsere Abstammung und über Familienjagden

In allen meinen großformatigen Büchern habe ich Reproduktionen jener Bilder veröffentlicht, die der bedeutende Jagdmaler Franz Lamberg für das Schloss Csákberény geschaffen hatte. Meine aufmerksamen Leser haben sich sicher gefragt, wie Hirschbilder eines Lamberg in mehrere Meran-Bücher kommen. Einfügen möchte ich hier, dass durch meine Veröffentlichungen dieser bescheidene Maler erst wirklich bekannt wurde und in Ungarn jetzt zu den bedeutenden Jagdmalern zählt.

Aber die Antwort ist folgende: Franz Emmerich Graf Lamberg (1832–1901) war der Erbe seines Onkels Rudolf Graf Lamberg (1802–1880), dem jüngeren Bruder des Feldmarschall-Leutnants Franz Philipp Graf Lamberg (1790–1848), der von Rebellen im September 1848 auf der Schiffsbrücke aus dem Wagen gezerrt und bestialisch ermordet wurde.

Rudolf Graf Lamberg war der Erbauer des Schlosses Csákberény (1832–1834). Seine Besitztümer Csákberény, Csóka, Gánt und Kápolna hätte ein Sohn erben sollen. Er hatte drei Söhne, aber alle starben im Kleinkindesalter.

Nun wurde der Sohn seines Neffen (meines Urgroßvaters) Philipp zum Erben bestellt. Dieser starb aber 1879 ebenso wie eine seiner Schwestern an der damals unheilbaren Diphtherie.

Es verblieb nur eine Tochter, Ladislaja Gräfin Lamberg, die dann die Erbin ihres Großonkels wurde und meine Großmutter war. Ladislaja ist vom männlichen Namen Ladislaus, ungarisch László, abgeleitet. Sie heiratete den ältesten Sohn von Franz Meran, Doktor Johann Meran, dessen Vater infolge der morganatischen Ehe seines Vaters, Erzherzog Johann, der „erste" Meran wurde. Meine Großeltern hatten neun Kinder und 45 Enkel. Von da an „explodierte" die Großfamilie, heute gibt es mehr als 1.000 Nachkommen Erzherzog Johanns.

Großmutter erbte (neben den ungarischen Lamberg-Gütern) von ihrer Mutter (einer geborenen Wenckheim) große Güter in Ostungarn, Komitat Békés, unter anderem Kőrösladány.

Meinen Vater, der schon die zweite Staatsprüfung in Jus mit Auszeichnung abgelegt hatte, beorderte man – wenig verständlich – ausgerechnet 1919 nach Csákberény, wo zu jener Zeit das blutbefleckte Béla-Kun-Regime herrschte. Man verhaftete ihn auch sofort und die kommunistische ungarische Geheimpolizei, die „Lenin-Gardisten", steckte ihn in Mór ins Gefängnis. Er war für die Hinrichtung vorgesehen, man wartete nur auf den berüchtigten „Todeszug" des Massenmörders Szamueli. Doch ein Wunder geschah. Der Csákberényer Parteisekretär der KP, namens Rácz, befreite ihn und den Pfarrer. Mit den Töchtern dieses Mannes habe ich noch heute Kontakt. Mein Vater blieb dann unbehelligt, bis das kurzlebige Regime durch Admiral Horthy hinweggefegt wurde. Dann wurde er Güterdirektor mit allen Vollmachten des künftigen Erben. Das Gut erhielt er dann am 1. Januar 1938 durch Schenkung. 1939 brach der Zweite Weltkrieg aus.

Zu erwähnen ist noch, dass die Brüder Lamberg, Franz Philipp und Rudolf, die zwei Töchter des Johann Ernst Graf Hoyos heirateten. Die Frau von Franz hieß Caroline und Rudolfs Frau Therese. Die dritte Tochter heiratete den Chef des (freiherrlichen) Hauses Gudenus in Thannhausen. Von hier stammt mütterlicherseits meine Großmutter Christine (1870–1958). So haben wir, die Nachkommen, von zwei Seiten Hoyos-Blut, sind sozusagen mehr Hoyos als die Hoyos selbst.

Mein Vater war als Güterdirektor und kommender Erbe Leiter der Waldreviere und Felder Csákberény, Csókakő, Gánt und Kápolna. Er leitete auch die der Großmutter verbliebenen Güter Zámoly, Borbála, Forrás und Ikrény, Letztere im Komitat Győr. Sogar um einen Eltz'schen Weingarten in Sankt Peter bei Marburg an der Drau kümmerte er sich und weil der Weingarten Pickern des Erzherzogs Johann auch nicht weit war, gelegentlich auch um diesen.

Das alles hatte im Jahre 1939 ein jähes Ende. Das nationalsozialistische Regime registrierte nämlich eine Reise des Vaters zu Erzherzog Otto und Kaiserin Zita, die über Deutschland nach Belgien nach Zeenogerzell führte. Er bekam bis 1945 das strikte Verbot ins Deutsche Reich zu reisen, zu dem auch unser Österreich, damals Ostmark genannt, sieben Jahre lang gehörte. Denn mein Vater war glühender Monarchist und in West-Ungarn auch stellvertretender Vorsitzender der „Legitimisten". Dadurch entfielen für ihn in dieser Zeit die seit seiner Kindheit geliebten Gamstreibjagden in Brandhof, die alljährlich im September zwei Wochen dauerten. Später organisierte mein Vater sowohl die Zámolyer Fasanenjagd als auch den großen Streif von Csákberény nach Zámoly über die Bauernfelder, aber vor allem die zwei Wochen dauernden Winterjagden im gesamten Csákberényer Revier. Der Sonntag war immer frei mit Rücksicht auf die Treiber und wegen des Gottesdienstes. Das war in Brandhof nicht anders.

Bei diesen Jagden waren immer die Söhne und Schwiegersöhne eingeladen, aber auch drei bis vier Altersgenossen von Großvater, zum Beispiel Moritz Vetter von der Lilie und Paul Blankenstein.

Vater konnte erst nach Übernahme der Güter in den Jahren 1938 bis 1943 seine Freunde einladen, zum Beispiel Laci Esterházy, die Nachbarn Miki Szécsen, János Zichy und seinen besonderen Freund Moritz Esterházy, mit dessen Familie wir eifrig voisinierten. Es kamen unter Vater auch jüngere Generationen dazu: Die Brüder Stubenberg, Josef und Erni, die drei Söhne von Moritz Esterházy, Mathias, Marcel und Menyhért, sowie die zwei Zichys, Anti und Gyuri.

Die Jagden fanden immer Anfang Januar, aber erst nach dem Dreikönigstag, statt. Für uns, die wir sofort nach Weihnachten wieder ins Pensionat nach Pécs mussten, gab es einige von Vater rührend organisierte Weihnachtsjagden. Aber auch an den Fasanenjagden konnten wir nur als Kinder und daher nur als Zuschauer vor der Pécser Zeit teilnehmen.

Meine Mutter, die 1900 geboren wurde, hatte die Organisation im Haus inne. Und es war ihr und den jungen Frauen von Vaters Brüdern unter den alten, für sie „greisenhaften" Männern (die damals alle viel jünger waren als ihr Berichterstatter) öfter so langweilig, dass sie dann und wann einen harmlosen, aber nicht gerne gesehenen Ulk versuchten. So wurden die Köchinnen Frau Öhlmann und die Zsófi néni dazu gebracht, einen am Vortag erlegten Fuchs als Hasen auf den herrschaftlichen Tisch zu zaubern. Er war so gekonnt hergerichtet und gewürzt, dass die älteren Herrschaften zunächst nichts merkten. Nur das Naserümpfen der servierenden Diener fiel auf und dann gestanden die jungen Damen die „Untat", noch bevor die alten Stammgäste gekostet hatten. Damals ahnte noch niemand, dass zehn Jahre später in unserer Gegend, wo die Front drei Monate Halt machte, solch ein Fuchsbraten eine Delikatesse gewesen wäre. Wildschweine gab es weit weniger als heutzutage, dafür aber sehr viele Hasen und zwar im ganzen Wald, der in seiner größten Ausdehnung 4.000 Hektar ausmachte und in dem tiefe Gräben und steile Leiten den Treibern viel Schweiß abverlangten. Bei den Waldjagden wurde der ganze Bestand in zwölf Tagen bejagt und Strecken von 100 Hasen am Tag waren keine Seltenheit. Andere Zeiten eben. Da man unbedingt sowohl eine Kugelbüchse als auch eine Schrotflinte mithaben musste, wurde jedem Schützen ein Lader mitgegeben. Das waren immer dieselben und wurden im Laufe der Jahre wahre Freunde, die der Schütze kannte und die „ihren Herrn" kannten.

Es ist kein Wunder, dass diese „Posten" eifersüchtig verteidigt wurden und nicht nur einer der bewährten Lader wurde im Laufe der Jahre altersbedingt langsamer, was dann beim Schießen auf Füchse oft ein Problem war. Auf 50 bis 60 Meter konnte man sie eventuell noch mit den groben Schroten erreichen, wenn sie weiter weg waren, musste das Kugelgewehr dem Schützen in die Hand gedrückt werden, was immer sehr schnell gehen musste, weil Füchse jede Bewegung sofort sehen.

Dazu eine Bemerkung: Heute traue ich mich als alter Jagdfotograf kaum mehr zu fotografieren, weil die grell leuchtenden roten Jacken oder Hutbänder so absolut unpassend in der Natur sind. Ich gebe zu, dass bei den vielen neureichen, spät berufenen, durch Kurse im Eilgang zu Jägern gemachten Jägern dies vielleicht heute notwendig ist. Bei den Treibern ist es aber absolut Pflicht. Trotzdem wage ich die ketzerische Behauptung, dass bei uns, wo 80 bis 100 Treiber waren und acht bis höchstens zehn Schützen, niemals etwas geschah. Waren doch alle Teilnehmer von Kindheit an bestens geschult. Das stark kupierte Gelände bot reichlich Kugelfang und mehr als zehn bis zwölf Sauen und etwas mehr Kahlwild schoss man selten am Tag. Im Krieg hat Onkel Hansi aus Kőrösladány einmal neun Sauen auf einem Stand geschossen. Aber so etwas war im alten Ungarn absolute Ausnahme.

Es gab im Januar immer Schnee, sodass man das Wild zwar weniger gut hörte, aber umso besser sah. Der Fuchs war schon damals ein sehr gerne bejagtes Wild und es gab Stammschützen, wie etwa Fritz Mayr-Melnhof, den Schwager meines Vaters, der laut gerettetem Gästebuch 1937 am Csókaberg drei Füchse auf einem Stand schoss. Csókaberg und Nyáriállás waren die Revierteile, in denen öfters über 100 Hasen erlegt wurden. In den Dreißigerjahren, besonders 1933 und 1934 schoss man in Ungarn jährlich bis zu zwei Millionen Hasen.

Onkel Moritz Vetter schoss im Januar 1926 den besten ungarischen Keiler. Er gab dem Lader 80 Pengő. Zum Vergleich: Ein Auto zum Beispiel kostete circa 2.000 Pengő. Ja, das waren die Zeiten der harten Währung und der reich machenden Zinsen.

Rückblick auf unsere Familie

Die Familie Meran war und ist sehr kinderreich. Mein Großvater Johann Meran heiratete ja Ladislaja Lamberg, wie schon beschrieben wurde. Dieser Ehe entstammten neun Kinder, eines davon war mein Vater Philipp. Mütterlicherseits ehelichte Großvater Karl Eltz Christine Gudenus. Meine Mutter Marianne war eines von fünf Kindern aus dieser Verbindung. Wir waren sechs Kinder: neben mir Anna, Christl, Feri, Max und Lori.

In unserer Familie war die Erziehung völlig anders als heute üblich. Sie fiel nämlich in eine Zeit, als der natürliche „Kult" der Alten herrschte. Die Kinder hatten den Erwachsenen zu folgen, auch wenn diese Angestellte des Hauses waren. Wir waren als echte Landkinder zu jedem Schabernack aufgelegt und oft auch richtig schlimm. Dafür wurden wir nicht selten von Dienern geohrfeigt oder sonst wie gemaßregelt, was für diese niemals – für uns feststellbare – Folgen hatte. Als Kinder mussten wir den Großeltern die Hand küssen, auch dem Großvater, der uns, falls in Csákberény anwesend, jeden Tag beim Frühstück zum Morgengruß empfing. Er frühstückte etwa um neun Uhr, also eine Stunde später als wir, und konsumierte jeden Tag zwei weiche Eier. Die Zeremonie des „Eierkapperls" war absolut Tradition. Er klopfte die spitze Seite des Eies auf, nahm die Kappe mit dem Eierlöffel und gab uns deren Inhalt, von der Schale entblößt, direkt mit dem Löffel in den Mund. Beim Mittagessen, das bei Anwesenheit der Großeltern mindestens anderthalb Stunden dauerte, mussten wir schweigen, wenn wir nicht gefragt wurden. Unsere Erzieher Antatelle, Walter oder der nach ihm kommende „Tanár ur" (Herr Lehrer) wachten über unsere Haltung und Tischmanieren. Die Konversation zwischen den Erwachsenen war sicher sehr interessant, doch nicht für uns Kinder geeignet. Aufstehen vor der Beendigung des Essens war damals völlig undenkbar. Ebenso war es strengstens verboten, vor den Mahlzeiten zu essen. Das war damals für uns nur ein Minuspunkt. Wenn es heute geschieht, so ist es ein Affront gegen die Hausfrau, wenn sich die Kinder um halb zwölf Uhr, nur weil sie Hunger haben, vollessen und die mit viel Liebe gekochten Speisen der Mutter, mangels Hunger, stehen bleiben. Das Aufstehen der Kinder, wenn es ihnen passt, ist seit dem Jugendkult, der seit den Sechzigerjahren herrscht, heute gang und gäbe, damals war es undenkbar und hätte viele Strafen eingebracht. Apropos Strafen. Für Delikte in der Kindheit gab es die Strafe „keine Mehlspeise" oder nach Antatelle „pas d' plat doux". Später, als wir schon Kleinkalibergewehre hatten, war die Strafe: „Ein, zwei oder drei Wochen kein Gewehr in die Hand nehmen." Die Waffen wurden einfach weggesperrt. Bei der „Mehlspeis-Strafe" war nicht so sehr der Entzug, als vielmehr die Schande die wirkliche Strafe, denn die Diener waren vorher angewiesen, uns nichts zu servieren und das sahen alle Anwesenden inklusive der immer zahlreichen Gäste.

Um auf die Gäste in unserem Schloss zurückzukommen. Bei uns waren solche immer vorhanden, einige sogar etliche Wochen lang. Das war damals, als das ganze Haus voll Angestellter war, leicht zu verkraften. Heute gibt es wohl Schlösser, aber kaum mehr Angestellte. Ein längerer Aufenthalt am Land, wie ich ihn mit einigen Ausnahmen so schmerzlich vermisse, ist heute den Hausbesitzern kaum zuzumuten.

Noch von der Lamberg-Zeit her gab es in Csákberény uralte gebundene Zeitschriften, wie zum Beispiel die „Fliegenden Blätter" oder für Kinder im Speziellen die „Münchner Bilderbögen". Wie es bei Kindern eben ist, blieben davon etliche Ausdrücke in unserem Gedächtnis haften. So zum Beispiel der „Staatshämorrhoidarius" für die immer sitzenden Beamten, die davon Hämorrhoiden bekamen. Dass ich in meinem Leben 40 Jahre lang Staatsbeamter werden würde, das war damals nicht voraussehbar.

Schon mit fünf Jahren begleiteten wir Vater und die beiden Großväter auf ihren Pirschfahrten. Ich hatte einen Horror vor dem Knall, aber auch dem Donner bei Gewitter, und hielt mir die Ohren zu. Wahrscheinlich von der Erzieherin Antatelle „geerbt", die jeden Knall verabscheute. Konnte ich damals ahnen, dass ich 80 Jahre lang Jäger und 30 Jahre lang Wurftauben-Spitzenschütze werden würde?

Mein Vater war bis Ende 1937 Verwalter oder Gutsdirektor für die der Großmutter Ladislaja Lamberg zugefallenen westungarischen Güter. Diese waren Csákberény, wie schon erwähnt, Csókakő, Gánt und Kápolna sowie Ikrény, Zámoly, Borbála, Forrás und die dazugehörigen Meierhöfe wie Orond und Lajapuszta. Er übernahm erst mit 1. Januar 1938 die Besitzungen Csákberény, Gánt, Kápolna, Csóka und Orond. Wie ich es aus den übrig gebliebenen Verträgen ersehe, verdiente er 400 Pengő im Monat. Das scheint nicht sehr viel zu sein, aber ein „Fiat Topolino" kostete damals 2.000 Pengő. Zum Gehalt des Vaters ist noch zu sagen, dass ihm alles Übrige offiziell zur Verfügung stand, wie Gemüse- und Obstgärten, Vieh aus den Meierhöfen, Wildfleisch und alles, was die beiden Glashäuser zu bieten hatten. Genügend Wein aus den etwa 40 Hektar großen Weingärten Hub, Csóka und Sabanti standen ebenfalls zur Verfügung. Der Obergärtner Seppi Moder, ein Schwabe, schmückte das Schloss mit frischen Blumen und war für die Pflege des großen Schlossparks mit drei Brunnen und zwei Bassins zuständig. Wir hatten zwei Hunde: Pajtás, ein Komondor, und Lumpi, ein Foxterrier, beide nur dem Vater zugetan. Pajtás war bissig, Foxl Lumpi knurrte gerne und oft.

Ab 1938 ging Feri, mein Bruder, ins Pensionat in Pécs und ich ab 6. September 1939. Doch befassen wir uns vorher mit unserer Kinderzeit zu Hause. Wir durften schon als Kinder des Öfteren mit zum Jagen fahren. Großvater Meran hatte 1905 die damals ultramodernen Mannlicher Schönauer Repetierer auf einer Ausstellung gesehen und sie sofort gekauft. Vorher schoss er mit Express-Büchsen mit dem Kaliber 11 und die Kugel dieser Waffen war aus Blei und sonst nichts. Nach dem Ersten Weltkrieg etwa wurden dann Expansivgeschosse fabriziert. Großvater hatte sie selten verwendet. Er schoss auf Rehe die Mannlicher Schönauer 6.5 x 54 mit Bleispitze, auf Hirsche damals 8 x 57 Mannlicher Schönauer, die er auch bei den Saujagden verwendete. Für meinen Vater stand eine Kirner Kipplaufbüchse 8 x 57 R zur Verfügung sowie zwei alte Express von Großvater. Eine davon verwendete mein Großvater Eltz, den ich oft auf Pirschen begleitete. Bis auf 120 Meter schoss sie sehr präzise.

Eine Fahrt in der Kalesche mit Großvater war immer ein Erlebnis für uns Kinder. Da er am linken Ohr taub war, mussten wir rechts neben ihm sitzen. Auf der Jagd hatte er immer eine kurze, aber gebogene Pfeife mit. In unserer Halle gab es ein Gestell mit mindestens einem Dutzend verschieden langen Pfeifen. Die längste Pfeife benützte er nach dem Essen.

Aber zurück zu uns Kindern als Pirschbegleiter. Wir wurden gerne mitgenommen, weil wir Augen wie Luchse hatten und fast immer das Wild als Erste sahen. Wir zeigten aufgeregt mit dem Arm. Das war falsch. Schon hatte uns der gestrenge Großvater mit dem Pfeifenstiel auf die Hand geklopft. Er sagte: „Niemals mit der Hand zeigen, sondern ungefähr die Entfernung ansagen und das Gelände, wo das Wild steht, genau beschreiben." Er nannte uns Kindern ein Beispiel: „Rechts, etwa zehn Meter von der dicken Eiche ist ein schräg stehender Baumstamm. Daneben ein runder Busch. Links von diesem Busch steht das Wild." Wir haben diese, in sehr frühen Jahren beigebrachte Lehre niemals vergessen und noch heute kann ich mich blau und grün ärgern, wenn ein Begleitjäger mit den Armen fuchtelt. Das kommt in Österreich, besonders im Gebirge, sehr selten vor, aber in Ungarn kann ich es den Begleitern nicht abgewöhnen. Dabei benötige ich jetzt eine genauere Einweisung, weil ich ja schon lange nicht mehr so gut sehe wie im Kindesalter.

Jedes Jahr etwa um den 20. Juli fuhren wir zur Sommerfrische nach Brandhof. Großmutter hatte 45 Enkel und die wurden alle im Sommer nach Brandhof eingeladen. Mit kamen auch die Erzieher, die Kindermädchen, die Chauffeure und Anfang der Dreißigerjahre auch unser Tischler Bruno Tollas, der hier das Kindermädchen der Harnoncourts, Anna, kennenlernte und 1934 in Graz heiratete. Brandhof hatte sehr viele Zimmer, in denen die Enkel mit ihren Erziehern untergebracht wurden. Die anderen wohnten in Nebengebäuden, in denen ebenfalls sehr viele Zimmer zur Verfügung standen. Großmutter Laja (geb. Lamberg) hatte das oberste Kommando inne. Der erste Eindruck im Brandhof war der scharfe und unnachahmliche Zirbengeruch. Die Hauptstiege und alle Türen waren aus diesem Holz. Der Geruch ist auch heute noch so unverändert wie in meiner Jugend.

Die ersten Jahre meiner „Erinnerungszeit" fuhren wir mit dem Personenzug von Stuhlweissenburg nach Graz. Hier wurde in den Zug nach Kapfenberg umgestiegen und von dort ging es mit dem Zug oder besser dem Züglein (Schmalspurbahn) nach Seewiesen. Gut in Erinnerung ist mir der 25. Juli 1934. Da fuhren wir – wie immer in der dritten Klasse, auf Holzbänken sitzend – nach Brandhof. An diesem Tag wurde Bundeskanzler Engelbert Dollfuß ermordet. Wir erfuhren die Nachricht in Graz und bewunderten mit großen Kinderaugen den Aufmarsch der Heimwehr. Meine Mutter hatte alle Bücher über Dollfuß von ihrem Vater bekommen, ich las schon ganz gut und war im Bilde, wen da die Nationalsozialisten im Bundeskanzleramt hatten elend verbluten lassen. Er hatte einen Halsschuss und die Hauptschlagader war verletzt. Er wäre leicht zu retten gewesen, da er normal atmen und sprechen konnte. Wiederholt bat er die SS-Leute, ihm einen Arzt oder Priester zu schicken, seine Bitte blieb aber ungehört.

In späteren Jahren fuhren wir mit dem Auto nach Brandhof. Das war ein deutscher Ford, der interessanterweise mit Petroleum fuhr. Man fuhr mit Benzin an und nach 500 Metern schaltete unser Chauffeur Jóska Kléber auf Petroleum (Kerosin) um. Daraus ist auch, neben der dritten Klasse in der Bahn, zu ersehen, wie sehr mein Vater mit dem Geld sparen musste. Einmal, 1936, fuhren die drei älteren Kinder im Zug mit der Mutter. Uns „Kleinen" begleitete Antatelle und die etwas korpulente Maca Örkényi, das Kindermädl. Es gab in den damaligen Autos immer aufklappbare Reservesitze, wobei man nicht in Fahrtrichtung, sondern nach hinten blickend sah. Durch das ständige Nach-hinten-Schauen wurde uns bei Autofahrten oft schlecht. Doch Antatelle hatte vorgesorgt und „Nautisan-Zäpfchen" besorgt, die ursprünglich gegen die Seekrankheit verwendet wurden. Sie hieß uns die Hosen runterlassen, sagte auf Französisch: „Fais gros dos" („Mach großen Rücken"). Dann steckte sie uns die Zäpfchen gekonnt tief in den

After. Und wir hatten auf dieser Reise im Jahr 1936 keinerlei Beschwerden und keine Übelkeit. Wir fuhren über Győr, Csorna, Sopron, Klingenbach, Wiener Neustadt, Neunkirchen, Mürzsteg, das Niederalpl und Wegscheid nach Brandhof. Da der Chauffeur damals noch ein Angestellter meiner Großmutter war, blieb er die ganze Zeit in Brandhof und war auch im großen Schützenkonvoi bei den großen, damals zwei Wochen dauernden, Gamstreibjagden in Seewiesen und Weichselboden.

Mitte September fuhren wir nach Hause und sehr bald nach uns kam auch Großvater zur Hirschbrunft nach Csákberény. Da musste ihn Jóska mit dem Auto in Bicske abholen. Er hatte kein Gepäck, höchstens eine Aktentasche, fuhr mit dem Wien-Budapest-Express und zwar in der zweiten Klasse. In den Dreißigerjahren hatte der Anarchist Silvester Matuschka den Viadukt von Biatorbágy gesprengt, als der Zug darüberfuhr. Großvater war Gott sei Dank einen Tag früher über diese Strecke gefahren.

Jóskas erstes Abenteuer in Brandhof war nicht ganz ungefährlich. Er stammte aus Stuhlweissenburg und hatte in seinem Leben noch nie so viele große Berge gesehen. Da er nach der langen Reise dienstfrei hatte, wollte er die im Hintergrund von Brandhof malerisch stehende Graualm im Zuge eines Nachmittag-Spazierganges besteigen. Von den Entfernungen im Gebirge, nicht zuletzt durch die dünne Luft vorgegaukelt, wusste er nichts. Er verstieg sich, wagte in der hereinbrechenden Finsternis nicht herunterzusteigen, und wurde erst – als zu Hause Alarm geschlagen wurde – von den Jägern Fluch, Breitler und Holzer am nächsten Tag gefunden und geborgen. Es war ein warmer Sommer. Trotzdem holte er sich eine gehörige Verkühlung.

Unser Vater kam alljährlich zu den Gamsjagden nach Brandhof. Dies schon seit seinem 15. Lebensjahr, mit der Zwangspause von 1938 bis 1945. Aus seinem Jagdbuch, das ich treu behüte, ist zu ersehen, dass er knapp unter 400 Gams erlegt hat. Ich glaube nicht, dass er mehr als zehn Gams außerhalb von Brandhof geschossen hat. Ich, sein Sohn, habe rund 50 Gams erlegt. Davon etliche in Hinterriss, auf der Hochalm und auch in Thannhausen, so lange Onkel Gordi Gudenus noch lebte. Dabei hatte Vater nur ganz wenige Wintergams geschossen, weil er zu dieser Zeit mit der Organisation der ungarischen Niederwildjagden beschäftigt war und zudem alle Jahre in Kőrösladány eingeladen war, das bis 1938 ebenfalls Großmutter gehörte. Sie erbte es nicht über die Lambergs, sondern über die Wenckheims, denn ihre Mutter stammte aus dieser Familie.

Der Alltag der Kinder in Brandhof war genau geregelt. Zum Frühstück war die Hauptspeise Polenta-Sterz und sehr dunkles Schwarzbrot, das mit Butter, die in Kugeln geformt war, bestrichen war. Zur Zehn-Uhr-Jause bekamen wir ein Brot, das mit einem eher scharfen paprizierten Topfen bestrichen war. Hauptbeschäftigung der Kinder war das Schwammerlsuchen. Es gab viele herrliche Herren- bzw. Steinpilze, Reizker, Eierschwammerl gleich am Ochsenboden östlich vom Brandhofer Schloss.

Das Schloss lag unmittelbar an der Straße, die damals natürlich noch nicht asphaltiert war. Uns faszinierten die schönen, offenen, schwarzgelben Autobusse, die direkt unter dem Schloss hielten. Nicht oft, aber doch, durften die am Brandhof haltmachenden Reisenden den Hof, manchmal auch Kapelle und Museum besichtigen und sich an dem herrlichen Hochschwab-Gebirgswasser laben. Es gab einige unter uns, die vom ersten Stock aus einem Zimmer, das genau über der Haltestelle war, auf den großen, einladenden, offenen Autobus spuckten. Dies wurde aber Gott sei Dank nie entdeckt, denn sonst wären die Strafen erheblich gewesen.

Im dritten Stock, genau gegenüber vom größten Kinderzimmer befand sich die „schwarze Kammer". Sie hing irgendwie mit der Turmuhr zusammen, war für uns aber ein gefürchtetes Schreck- und Drohmittel. Denn wir Kinder fürchteten die Dunkelheit sehr. „Wir sperren dich in die schwarze Kammer", war eine oft ausgesprochene Strafandrohung.

Das Frühstück wurde uns im kleinen Speisezimmer in zwei oder manchmal auch drei Etappen serviert. Zuerst kamen die größeren, später die kleineren Kinder dran. Mittagessen war für größere Kinder zusammen mit den Erwachsenen im großen Speisesaal im Parterre.

Erzherzog Johann hatte sein Brandhofer Haus genial geplant. Unter dem großen Turm war die Kapelle, dahinter das große Speisezimmer, das mit einigen Handgriffen und mit der Entfernung des Tisches zur Vergrößerung der Kapelle beitrug. Die Küche war außerhalb des Schlosses in jenem Nebengebäude, das im Parterre „Veranda", im ersten Stock „Trampelbude" hieß. Seit Erzherzog Johann wurde nach den Gamsrieglern – Jäger und Treiber zusammen – in der „Moarstubn" gefeiert, oft auch getanzt, gesungen und gejodelt. Die Steirische Harmonika konnte fast ein jeder spielen. Diese „Moarstubn" lag über der Küche, wo die Hauptköchin Resi über zahlreiche Gehilfinnen „regierte". Das Essen bestand aus einer Suppe, die man restlos auslöffeln musste, jeden Tag Wildfleisch, zum Beispiel Gamsbraten oder Rehrücken. Die Mehlspeise konnte Apfelstrudel, aber auch Torte sein, denn immer gab es irgendjemanden, der Geburtstag hatte. Obst gab es auch, weil jede Woche mindestens einmal das sogenannte „Obstauto" am Brandhof haltmachte. Es brachte Frühäpfel, aber vor allem Zwetschken. Freitags gab es ohne Ausnahme Fisch, fast immer schöne Forellen aus der Salza, die der Jäger vom Weichselboden besorgen musste. Da die Kinder etwas unbeholfen im Fischessen waren, geschah es manchmal, dass sie Gräten schluckten.

Ich selbst geriet in Panik, als mir dieses Missgeschick passierte, und ich musste mit dem Auto in das Mariazeller Spital gebracht werden, wo man die Gräte fachmännisch entfernte. Seitdem habe ich Angst vor Gräten und esse eigentlich nur Fische, die keine (mehr) haben.

Gegen den Krampelgraben gab es zwei interessante Dinge für uns Kinder. Einmal die „Almhütte", in der wir leidenschaftlich gerne spielten und weiter östlich den Tennisplatz. Dieser war aus gewalzter Erde und ich sehe noch die Onkel und Tanten, wie sie nach Laienart die Bälle über das Netz schupften. Eine Ausnahme war Onkel Fritz Mayr-Melnhof und seine älteren Kinder. Sie hatten sowohl in Glanegg wie in Kogl richtige Tennisplätze wie beim „French Open" sowie Trainer. Die schupften nie, spielten immer richtige Partien. Da sagte der Servierer „play", der gegenüber antwortete „ready". Gezählt wurde ausschließlich in englischer Sprache, zum Beispiel „fifteen-all", „forty-fifteen", „advantage in" etc. In den Dreißigerjahren herrschte überhaupt eine Anglomanie, die ich schon bei den Waffen und der Kleidung anlässlich unserer Niederwildjagden feststellte. Harris-Tweed, wohin man schaute.

Meine früheste Erinnerung an Brandhof stammt aus dem Jahr 1930, als ich noch nicht vierjährig war. Großmama hatte die Feier zu ihrem 60. Geburtstag vom 19. Mai auf die Sommerfrische in Brandhof verlegt. Es war ein riesiger Aufmarsch der Familienmitglieder und der zahlreichen Jäger. Onkel Karl, der jüngste Bruder meines Vaters, damals politisch rechts orientiert und wenig gläubig, auch fanatischer Nichtjäger, musste im Originalgewand den Erzherzog Johann, mit breitkrempigem Hut und umgehängter Waffe, mimen. Dafür stand er auf einem eigens aus großen Steinen errichteten „Berggipfel". Irgendwie verlor er die Balance (an diesem Tag mussten die Erwachsenen ja viel „prosten") und fiel mit Hut, Waffe und einigen Steinen zusammen vom künstlichen Felsen. Das und nur das ist mir, dem damals Vierjährigen, im Gedächtnis geblieben.

1930 – es wurde ein Foto des Ehepaares Laja und Johann Meran gemacht, unter dem stand: „Johann und Laja Meran unter ihren Jägern." Das stimmt nur bedingt, denn alle Söhne und Schwiegersöhne waren dabei, mit Ausnahme von Onkel Karl, weil der eben als Jagdfeind dazu als nicht würdig empfunden wurde, und des Schwiegersohnes Eberhard Harnoncourt, der sich als Beamter in Berlin nicht freinehmen konnte, wohl aber ein passionierter Jäger war. Vor allem die Auerhahnen liebte er und kam alljährlich zur Zeit der Balz nach Stainz. Die Jäger verbanden diesen Umstand mit seinem Namen und seitdem hieß er „Graf Hahnenkurt", basta. Sein diesbezüglicher Namensgeber war der Revierjäger Thonhauser vom Rosenkogel, wo Onkel Eberhard etliche Hahnen im Laufe der Jahre erlegen konnte.

In Brandhof regnete es sehr viel. Für uns, im trockenen Ungarn aufgewachsene Kinder zu viel. Wenn es regnete, spazierten wir auf der Landstraße Richtung Gollrad oder auf die andere Seite in Richtung Seeberg. Ich sehe noch die Lacken vor mir und das ausgeronnene Öl der Autos, als glänzender Film darauf. Verkehr gab es damals in den Dreißigerjahren nicht viel. Manchmal fuhren aber Lastautos mit brüllenden Insassen am Plateau vorbei. Ob es Sozis oder Nazis waren, konnte ich als Kind nicht feststellen, auf jeden Fall erschreckte mich ihr verzerrter, wütender Gesichtsausdruck.

Die Brandhofer Gamstreibjagden fanden seit Erzherzog Johann fast ausschließlich Anfang September statt, weil diese Zeit wettermäßig am stabilsten war. Ich habe schon in anderen Büchern den langen Konvoi von Personenautos beschrieben, der die Schützen in das Revier brachte. Ich rieche noch den Duft des Leders und des damaligen Treibstoffes, sehe noch die bunten, zu jener Zeit auch teuren Vehikel, höre die Motoren dröhnen. Denn 15 Autos machten schon einen ganz schönen Lärm. Wenn „Hochtriebe" vorgesehen waren, fuhr man über Seewiesen in die Dullwitz, von da an wartete ein Aufstieg von mehreren Stunden, bis man endlich auf den Ständen anlangte. Die Triebe begannen meistens um zwölf Uhr, ob nun der Wetterkogel, die Stangen, die Kämm, das Bruchtal oder Pera und die Fölzalm bejagt wurden. An einem Tag gab es nur einen Trieb. Damals gab es keine sogenannten „Waldgeher", sondern nur „professionelle" Touristen, die der Jagd fast alle gut gesonnen waren. Von den Kindern durften nur die allergrößten mitgehen. Für die kleinen war der Aufstieg zu beschwerlich. Die damalige Gendarmerie sperrte aus Sicherheitsgründen die Feldwege, die zum Sammelplatz der Autos führten. Forststraßen im heutigen Sinn gab es damals noch lange nicht. Sehr bald nach Beendigung der Gamsjagden von Seewiesen aus übersiedelte man in die „Höll" bei Weichselboden. Auch hier gab es mehrere Hochtriebe, wie den Ring (den oberen und unteren) Mitterboden, das Grübl und Tirnach-Turnsee sowie Tirnach-Presseni, da die Jagd weit größer war als heute. Doch die meisten Triebe waren Waldtriebe. Das bedeutete, dass die mehr oder weniger dichten Wälder unterhalb der Felsmauern bejagt wurden. Oft teilte man die Schützen in zwei Partien und jagte gleichzeitig zwei Waldtriebe. Hier gab es gute Gamsböcke und immer Rotwild. Hirsche ohne Kronen durften erlegt werden. Der Klausgraben war eine steile, reine Waldleite. Waldtriebe waren auch Pekalug, Rossleiten, Tippelwand, Gaisgraben, Staritzenbruch (wo ich später meinen besten Brandhofer Gamsbock in voller Flucht, aber auf nur drei Meter, erlegt habe, er hatte 103 Punkte). Die größeren Reviere waren damals Fölz, Seewiesen, Brandhof, Steinschallen, Höll, Weichselboden, Salza und Rothmoos. In die Höll durften wir, wegen Platzmangels, nur selten. Meist fuhr man uns von Brandhof hin.

Ladislaja (Laja) Meran Lamberg, 1870–1952

Dr. Johann Meran, 1867 –1947

Unser Kastell im Jahre 1937

Marianne Meran Eltz,
Mutter des Autors im Jahre 1935

Philipp Heinrich Meran,
Vater des Autors im Jahre 1935

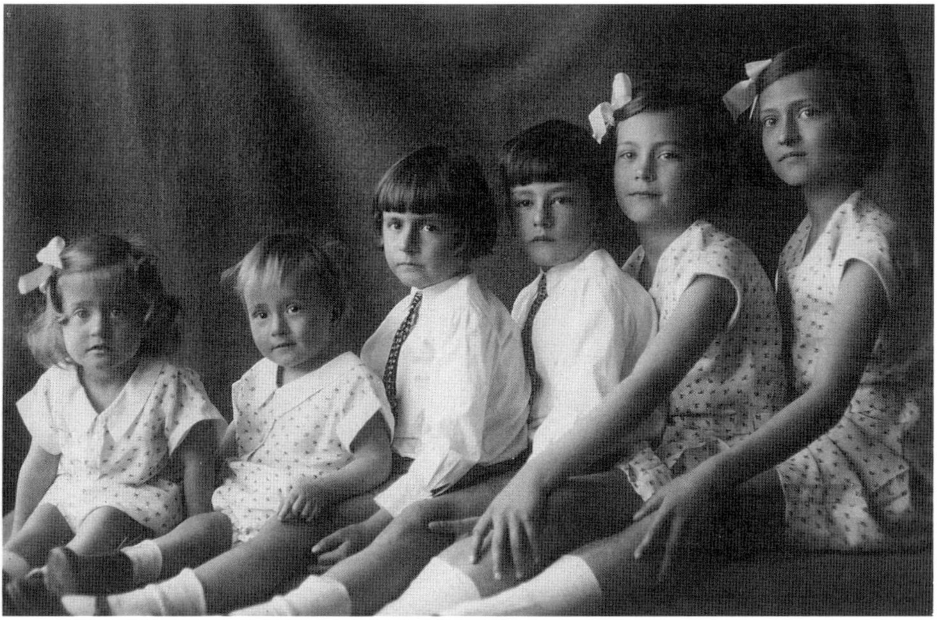

Die sechs „Csákberényer Kinder"; von links: Lori, Max, Philipp, Feri, Christl und Anna; zwischen 1922 und 1930 geboren

Chauffeur Kléber Jóska hat meinen Vater aber öfters am Stand begleitet. Um den 14./15. September fuhren wir meistens nach Csákberény zurück. Wir waren damals Privatschüler mit angestellten Lehrern, die uns unterrichteten. Daher galt der Anfang des Unterrichtes in der ersten Septemberwoche für uns nur bedingt. Wenn wir nach den uns so lange erscheinenden Ferien im Brandhof Csákberény betraten, waren die Kinderzimmer neu gestrichen. Den Geruch der Ölfarbe rieche ich heute noch. Dies fiel nur in jenen ein bis zwei Jahren aus, als Tischler Bruno mit uns in Brandhof war. Trotz der Schönheiten im Brandhof freuten wir uns immer, in unser Csákberény heimzukehren. Hier hatten wir unsere Spielkameraden, mit denen wir fast täglich im Park Fußball spielten. Der bissige Pajtás und der knurrende Lumpi wedelten bei unserem Anblick sogar gnädig. Sowohl im Mai als auch im Oktober hatten wir täglich (kurz „Maiandacht" genannte) Gebetsstunden mit den Eltern. Dabei sangen wir vor allem das Lied „Maria zu lieben ist alle Zeit mein Sinn". Jeden ersten Freitag im Monat hatten wir eine Herz-Jesu-Andacht, die Vater vor dem Herz-Jesu-Bild auf seinem Betstuhl kniend abhielt. Da sangen wir das Lied, das so endete: „... drum geloben wir aufs neue, Jesu Herz dir ew'ge Treue."

Im September durften wir Vater oder Großvater abends auf die Pirsch begleiten. Ich war viel lieber bei Vater, weil er immer ruhig war. Großvater konnte sehr streng und bei den geringsten Fehlern auch aufbrausend sein. Das fürchteten wir. Doch wenn er gut aufgelegt war, erzählte er uns spannende Geschichten aus seinem Leben. Er war politisch sehr interessiert und im alten Oberhaus der Monarchie auch besonders aktiv, hielt viele hochinteressante Reden, die man im heutigen Parlamentsarchiv nachlesen kann. Auch erzählte er uns manchmal von den großen Niederwildjagden in Kőrösladány und Umgebung, wohin wir noch nicht gekommen waren.

Interessant war, das beide Großväter 1867 und beide Großmütter 1870 geboren wurden. Doch weiter zu Großvater: Er erzählte uns, dass der Maler Onkel Feri Lamberg von seinem Vater, der wiederum der erste Meran war, alljährlich auf die Gamsjagden nach Brandhof eingeladen wurde. Im Allgemeinen hielten die Zeitgenossen den berühmten Hirschmaler für keinen passionierten Jäger, aber dem war nicht so. Franz Meran ist schon 1892 verstorben, Feri Lamberg 1901. Großvater Eltz verstarb schon 1940, Großvater Meran 1947. Die Zeit verging.

Unsere älteren Schwestern gingen in Budapest ins Sacré Cœur. Feri und ich absolvierten die ersten Gymnasialjahre in Stuhlweissenburg als Privatschüler bei den Zisterziensern, unterrichtet von unserem Gymnasiallehrer Mészáros János, einem ruhigen Enddreißiger, den wir gerne mochten. Erst später, als ich in die Jesuiten-Internatschule in Pécs kam, die sehr prominent und dementsprechend teuer war, erfasste ich, dass ich als Landkind mit weidmännischen Genen zu Hause viel zu viel Ablenkung hatte. Feri war der Erste, er rückte schon 1938 ins Pécser Internat ein. Dies war durchaus kein Zufall, denn Vater hatte mit 1. Januar Csákberény als Besitzer übernommen und konnte über viel mehr Bargeld verfügen als früher mit seinem relativ niedrigen Gehalt. Ich folgte, wie schon erwähnt, 1939 drei Tage nach Ausbruch des Zweiten Weltkrieges. Das Jesuiten-Internat war sehr streng und schirmte uns völlig ab. Sowohl Feri als auch ich hassten das Internat, liebten aber die Schule mit ihren hervorragenden Professoren. Ich war gleich im ersten Jahr Klassen-Erster, was mit einer Goldmedaille belohnt wurde, die mir der päpstliche Nuntius Angelo Rotta umhängte. Sowohl die Goldmedaille mit dem Bildnis Pius X. als auch die Schüler- und Ergebnisliste habe ich gerettet und sie hängen eingerahmt in meiner Wohnung. Feri war der genialere, ich jedoch der fleißigere Schüler. Beide verfügten wir über ein hervorragendes Gedächtnis. Manchmal gingen wir in Begleitung unserer Präfekten ins Kino und sahen uns Filme an, die Walt Disney gezeichnet hatte. Zum Beispiel „Schneewittchen und die sieben Zwerge“ oder „Oz, das Wunder der Wunder“. Doch vor dem Film gab es die Wochenschau von Ungarn und von Deutschland. Und da erfuhren wir, was sich eigentlich im Krieg abspielte. Für mich als von „klein auf“ politisch Interessierten war es schwer zu ertragen, im Pensionat keine Zeitung zu lesen. Erst in den oberen Klassen hatten wir im Rekreationssaal einen Telefunken-Radioapparat. Bis zur sechsten Klasse aber nicht. Was das Ärgste war: Wir hatten nur einmal im Jahr Ausgang und den nur mit dem Vater oder der Mutter. Die Entfernung von Csákberény nach Pécs betrug rund 250 Kilometer.

Die Pubertätszeit war damals, so scheint es mir, später als heute. Unsere Schwestern aber waren in unseren Augen schon reife junge Damen, die im Pensionat tanzen lernten und in besonderen Fällen mit den Eltern auch auf Bälle gehen durften. Von alldem gab es bei uns nichts. Tanzunterricht nicht einmal auf Sonderkursen. Ich hatte mir zu Weihnachten Schallplatten mit Walzern von Strauss und Lanner gewünscht und ich übte den Dreiviertel-Takt allein, wenn ich irgendwo auf einem abgelegenen Gang, das Buch in der Hand, lernte. Die Melodie kannte ich mit der Zeit auswendig. Immer wieder unternahmen wir große Gemeinschafts-Ausflüge in das schöne Mecsekgebirge oder in irgendein Museum, sogar auf den Pécser Flugplatz, wo aber damals nur Bücker-Zweidecker ihre Runden drehten. Die Zeit verging für uns „verbannte“ Schüler ungemein langsam. In unseren, mit heutigen Augen eher grotesken Schlafkojen hatten wir Zettel, auf denen wir jeden Tag einen Strich machten. Vater berichtete uns regelmäßig von den Jagden, zuerst von der Hirschbrunft, dann von den Fasanenjagden und den Hasenstreifen. Ganz selten ergab es sich, dass wir zu Allerheiligen heimreisen durften. Dann kamen die von allen begrüßten Kohlenferien, meist als Verlängerung der Weihnachtsferien.

Die Front verlief zu dieser Zeit im Donbogen, niemand hatte in Ungarn etwas vom Krieg bemerkt. Dank Horthys Fürsorge gingen nur relativ wenige Ungarn, zumindest von unserem Dorf, an die Front. Es gab keine Lebensmittelkarten oder andere Einschränkungen. Zu uns kam der Krieg erst mit der bolschewistischen Besetzung nach dem Krieg oder vorher mit den US-amerikanischen Bombardierungen und den Tiefflieger-Angriffen auf friedlich arbeitende Bauern nach der Besetzung Ungarns durch die Deutschen. Wenn es kriegshalber Sonderferien gab, konnten wir im Januar und Februar an Jagden, diesmal schon mit eigenen Flinten, teilnehmen. Im Jahr 1943 kaufte mir Vater einen eigenen Mauser-Jagdstutzen, den ich gerade ein Jahr lang benutzen konnte, denn am 11. Dezember 1944 verließ unsere Familie Csákberény. Für alle Fälle hatte Vater in Kőszeg (Güns) eine Wohnung gemietet. Dorthin gingen die drei Mädchen. Der Rest der Familie blieb, bis man die Kanonen der Front schon gut hörte, und verließ mit drei verschiedenen deutschen Flugzeugen die Heimat. Ich habe vieles Beschriebene schon geschildert. Die Flucht und die totale Enteignung sind meinen Lesern aus etlichen Büchern schon bekannt. Ab 1944 war die Familie aufgrund der Lage nur mehr ganz selten beisammen.

Frühlingsgedanken

Wir schreiben das Jahr 2014. Vor 100 Jahren ist der Erste Weltkrieg ausgebrochen, der die Welt grundlegend verändert hat. Wir hatten anscheinend schon allzu lange Frieden gehabt, die Völker Europas wollten damals den Krieg, ohne zu bedenken, wie lange und grauenhaft er sein würde. Die Ermordung des weisen Habsburgers Erzherzog Franz Ferdinand zusammen mit seiner Frau war nur ein vordergründiger Anlass. Der Krieg wäre früher oder später auch ohne diesen Meuchelmord gekommen.

Im Jahr 2014 ist es auch schon 20 Jahre her, dass meine Mutter, nach 44-jähriger Witwenschaft gestorben ist. Zwei allernächste Verwandte werden heuer 90 Jahre alt. Es ist in diesem Jahr das vierte Mal, dass ich nach Ungarn fahre. Der Aufschwung nach den grandiosen Siegen der bürgerlich-christlichen Partei, die zwei Mal nacheinander eine parlamentarische Zweidrittelmehrheit erreichte, ist für Menschen mit offenen Augen sichtbar. Das Zeitalter des Postkommunismus scheint in Ungarn vorbei zu sein. Eigenartig sind die Wut und der Hass, den westliche Medien und Einzelpersonen darüber versprühen, statt dass sie sich freuen würden. Die Linke hat sich viel erwartet, alle Linksparteien wurden zu einem Linksblock zusammengezogen. Es half nichts. Die EU-Führung gratulierte zuerst, die Gegner bestätigten die völlige Freiheit und Korrektheit der Wahl. Ungarn hat nun ein Mehrheitswahlrecht. Es wurde als Verfassungsteil rechtlich verankert, ist somit Verfassungsgesetz. Auch jagdlich wird sich dieser Wahlsieg ohne Zweifel bemerkbar machen. Schließlich ist ja unter anderem der stellvertretende Ministerpräsident auch Obmann des gesamtungarischen Jagdschutzvereines. Ich habe schon Kontakt mit ihm aufgenommen. Am meisten gehört das gefährdete Rebhuhn geschont. Dort, wo noch zwei Jahrzehnte nach dem Krieg in allen Feldrevieren Rebhühner in mehr oder minder großen Mengen vorkamen, sind sie heute fast völlig verschwunden. In der Zwischenkriegszeit betrug die Jahresstrecke bis zu einer Million Hühner. Die Schuld am Rückgang gab man anfangs den riesigen landwirtschaftlichen Tafeln, die an die Stelle der bäuerlichen Parzellen traten. Man verwendete starke Insektizide und Pestizide, die Vielfalt der Felder verschwand. Wo es früher Kartoffeläcker, schmale Rübenfelder, viele Sorten von Klee-, Luzerne- und Esparsettenfeldern gab, waren jetzt Kolchosentafeln mit 200 bis 300 Hektar keine Seltenheit. Es gab kein Unkraut, keine sonnigen Feldränder, wo die Jungvögel hudern und ein Sonnenbad nehmen konnten. Aber etwas wurde übersehen: Der unendlicher Schaden, den die stark zugenommene Anzahl an Greifvögeln im Hühnerbestand anrichtete. Die Greifvögel stehen seit den Dreißigerjahren des vorigen Jahrhunderts unter Vollschonung. Nun machte man das Falscheste, was man machen kann, man zog in Volieren Rebhühner auf, und ließ sie – fragen Sie mich nicht, wie lange vor der Jagd – „auswildern". Das gab den wirklich wilden Rebhühnern den Todesstoß. Wo die ausgewilderten Hühner erschienen, verschwand das wilde Rebhuhn. Anscheinend waren Erstere gegen Krankheiten immun, die das wilde Rebhuhn ansteckten und hinwegrafften. Anstatt eine Aktion zu starten, unser autochthones Feldhuhn durch eine lang anhaltende Schonung zu retten, sind immer noch Schusszeiten in etlichen Gebieten, vor allem in Ungarn, vermerkt, anscheinend mit Rücksicht auf die „Auswilderer-Lobby". Polen, das als einziges Land im Sowjetimperium niemals Kolchosen hatte und bei der bäuerlichen Landwirtschaft mit schmalen kleinen Feldern verblieb, hatte noch gesunde Rebhühnerbestände Jahrzehnte nach dem „fast" Verschwinden in den Kolchosenländern. Bei uns wird aber sogar die überhaupt nicht gefährdete Waldschnepfe zunehmend geschont, welch ein tragisches Paradoxon. Zu den Waldschnepfen fällt mir ein, dass der Frühjahrsstrich 2014 durch das anhaltend warme und milde Wetter im Februar und März völlig anders verlief als sonst. Die Schnepfen ahnten oder wussten durch ihren feinen Instinkt, dass auch in den Brutgebieten im Jahre 2014 der Boden weich und zum Teil schon schneefrei war. Da gab es keinen langen Aufenthalt, keinen wetterbedingten Stau wie sonst. Wenn heute der Wald voller Schnepfen war, konnte er am nächsten Tag völlig schnepfenleer sein. Bürokraten registrierten vom Schreibtisch aus – Sie werden es erraten – einen Rückgang der Waldschnepfenbestände, was aber nicht stimmt. Ich war fünf Tage in Ungarn und vier Tage im südlichen Burgenland auf dem Abendstrich, sah aber keinen einzigen Vogel, obgleich man mir jedes Mal einen Begleiter mitgab, aber auch er sah und hörte keinen Schnepfen. Es lag also nicht an meiner Hinfälligkeit. Es kam mir einfach kein Schnepf. Meine Nachbarn aber sahen viele. Freund und Begleiter Franz Huber in Kogl/Weißenkirchen sagte schon vor Jahren wegen meines Schnepfenpechs: „Das geht nicht mit rechten Dingen zu!"

Nach dieser langen Einleitung möchte ich von den Frühjahrsrehböcken berichten, die ich im April in Ungarn in zwei Revieren erlegen konnte. Das erste war ein bekanntes Revier an der rumänischen Grenze, und das zweite das altbewährte Revier bei Gyöngyös am Fuße der Mátra: Visznek. Das um drei Wochen früher einsetzende Frühlingswetter war schon im Februar vorhanden und wir sahen schon etliche Schnepfen bei den damaligen Fuchstrieben. Das Getreide, vor allem Wintergerste und Weizen, war schon am Anfang der Schusszeit im April 60 bis 70 Zentimeter hoch, dazu kamen die riesigen, aber wunderschönen Rapsfelder mit circa einem Meter Wuchshöhe. Die Deckung für das Rehwild, wie sie sonst Mitte Mai vorkommt. Es blühte jetzt, Mitte April, kein Schlehdornbusch, auch viele Fliedersorten waren welk und die Kastanien in voller Blüte. Die Obstbäume hatten anscheinend keinen Schaden durch Frost, völlig anders als im Vorjahr.

Wir nehmen mit Attila, der mich von Balatonfenyves an die rumänische Grenze bringt, in der liebgewordenen Pension „Lila Akác" Quartier. Einpacken und Auspacken – wie bin ich das alles gewöhnt. Der weiße Puli und die rote Katze begrüßen mich. Am Abend besichtigen wir den Platz, an dem der starke Bock sein soll, sehen aber nur einige junge Böcke. Interessant ist, dass fast alle verfegt haben. Zum Frühstück um halb neun Uhr die schon erwartete frische Ziegenmilch und den Ziegenkäse. Ich gehe in Feldrevieren nie im Morgengrauen, sondern immer so um neun Uhr auf die Jagd. Der Grund ist der, dass die Rehe in der Morgendämmerung meistens noch auf den Läufen sind und man bei normaler Höhe des Getreides das Rehwild mit dem Auto zur Flucht drängt. Am frühen Vormittag sind die Böcke meist niedergetan und – was immer wichtig ist – lagern die alten Böcke sehr oft abseits des Sprunges.

Nach längerem Suchen erblicken wir den Bock auf circa 180 Schritte niedergetan, vor sich hin dösend. Da es überall Straßen und Häuser gibt, dieser Platz aber einen Damm als Kugelfang hat, bleiben wir, wo wir sind und warten ab, bis der Bock hoch wird. Ich kenne zwei Methoden, um einen niedergetanen Bock hoch werden zu lassen. Das eine ist ein Blasen in eine kleine Messingtrompete, das andere das Hupen. Menschliche Laute sind tunlichst zu vermeiden, so auch das Pfeifen, Husten oder irgendwelche andere Laute. Dieser Bock wird aber früher hoch als gedacht. Als er sich breit stellt, ziele ich auf das Blatt und er fällt im Feuer. Alles freut sich. Man lässt mich ordnungsgemäß vorgehen. Der Bock ist nicht so hoch, wie man dachte, aber hat dicke Stangen. Mich interessiert vor allem das Volumen. Es beträgt 220 cm^3, das Gewicht netto 490 Gramm, die Punkte 136,86, was mehr ist, als erwartet, weil die Goldmedaille mit 130 Punkten beginnt.

Am Plateau des Geländewagens (man muss hier in der völlig flachen Tiefebene so hoch wie möglich stehen oder sitzen, damit man einen Kugelfang hat) ist es im leichten Ostwind auf die Dauer eher kühl. Es ist eine Kaltfront im Anmarsch. Nach wochenlangem Schönwetter kommt sie natürlich gerade dann, wenn ich auf der Jagd bin. Wir fahren zur rumänischen Grenze. Immer faszinieren mich die Grenzsteine. Sie sind weiß, in schwarzer Schrift ist auf der einen Seite R, auf der anderen Seite M zu sehen. Der weiße Teil wird – genau dort, wo die Grenze verläuft – durch einen schwarzen Strich getrennt. Das Datum (1922) ist zu sehen.

Den gesuchten Abschuss-Mörderbock sehen wir bald. Ich brauche zwei Schüsse, bis er liegt. Es muss schnell und sicher gehen, denn auf der einen Seite ist Rumänien, auf der anderen Seite ein riesiges Rapsfeld. Jäger Zoli sagt, dass sich in diesem Raps sicher 40 Rehe befinden. Ich sehe schwarz für Attilas am 1. Mai angesagte Jagdgäste.

Wir planen ein spätes Frühstück und die Abfahrt nach Nordungarn für elf Uhr. In Kiszombor gibt es ein Schloss, früher einem Grafen Rajnai gehörend, das zu einem guten Restaurant umgebaut wurde. Trotz neuem Pächter gibt es hier die einzige Suppe, die ich wirklich liebe, eine Obstsuppe. Am Abend sehe ich mir im TV ein Champions-League-Spiel an, dann kommt das von mir so geliebte Kabarett mit eher alten Darstellern. Sie singen Schlager aus den Vierzigerjahren. Bei uns verdrehen die Ansager schon die Augen, wenn ein „Klassiker" aus den Siebzigerjahren übertragen wird. Hier in Ungarn, speziell in Budapest gibt es an die 15 Karl Farkas ähnliche Kabarettisten und Sänger. Die Texte erinnern mich an meine Jugend und rühren mich. In einem „Runden Tisch" zum Thema der kürzlich abgehaltenen Wahlen kommt die Opposition länger (als mir lieb ist) zu Wort. Die Medien scheinen hier demokratischer als bei uns zu sein. Nie habe ich in Ungarn oppositionelle Politiker länger und ungestört reden gehört, damals, als noch die Postkommunisten die relative Mehrheit hatten.

In der Nacht überfällt uns die angekündigte Kaltfront mit einem sehr starken Sturm. Wir fahren nicht nach Visznek wie sonst, sondern über eine Autobahnabfahrt nach Nagyfüged, das zum selben Revier gehört. Ich habe vor, zwei Böcke zu schießen, möglichst alte, ein kapitaler genügt mir. Auf der Pritsche des Geländewagens friere ich erbärmlich im kalten Wind. Wie in den vergangenen Jahren fallen mir wieder die unverhältnismäßig vielen Raubvögel auf. Vor allem sind es Weihen, aber zu meiner großen Freude sehen wir auch einen Seeadler. Die in Nagyfüged ansässigen Roma (Zigeuner), die man als fleißig und ortstreu schildert, sind sehr dunkelhäutig. Einmal vor Jahren, noch während des Kommunismus, fragte ich Lojzi, den Jäger, ob in Gyöngyös eine Universität, etwa eine Filiale der „Lumumba-Universität" wäre. „Warum?", fragte Lojzi. „Weil so viele Schwarzafrikaner zu sehen sind!" Darauf Lojzi: „Das sind bitte schön keine Neger, das sind Zigeuner!" Nie und nirgends habe ich so dunkle Roma gesehen. Die ordentlichen Anwesen mit frisch gekalkten Häusern und gepflegten Gärten fallen mir auch jetzt, 20 Jahre später, wieder auf. Im Komitat Somogy, wo ich oft auf der Jagd war, gibt es viele Zigeunerdörfer. Dort sind die Häuser und Gärten ungepflegt, hier das Gegenteil.

Zwei Mal hat mir der Orkan schon den Hut vom Kopf gerissen. Damit wir „guten" Wind haben, fahren wir immer gegen den eisigen Nordostwind. Plötzlich, auf circa 180 Meter einige Rehe. „Der Bock ist ein Mörder, den kannst du schießen!", sagt Lajos, unser langjähriger Freund und Begleiter. Ich richte mich zum Schuss. Meinen Hut habe ich vorher mit einem Taschentuch festgemacht. Es wackelt das Auto, es zittern meine Hände. Ich ziele aufs Blatt, der Bock äst, endlich steht er breit. Harter Kugelschlag und der Bock flüchtet mit seinen zwei Gaisen über die Grenze von Tarnaméra. Drüben verhofft er, aber ich will nicht in ein fremdes Revier schießen. Er kriegt aber bald den Fangschuss, nachdem wir per Handy den Nachbarjäger benachrichtigt haben. In Tarnaméra fiel vor Jahren der beste Bock des Jahres in Ungarn durch einen deutschen Jäger. Er war anscheinend relativ unerfahren, denn von dem Tag seines Weidmannsheiles an erschien er alle Jahre, aber Böcke um die 200 Punkte und 700 Gramm netto sind auch in guten Revieren selten.

Auf einem Wintergerstenfeld steht ein passender Bock. Er ist auf jeden Fall alt und ich richte mich zum Schuss. Entfernung etwa 120 Meter. Nun ist keine Zeit mehr, den Geländewagen umzustellen, ich muss vom vorgeschriebenen Stand schießen. Der Bock schaut nach rechts, der Wind kommt von links. Habe ich Wind gesagt? Es ist ein Orkan und der Bock fühlt sich in der hohen Gerste sicher, sonst wäre er schon längst abgesprungen. Ich ziele aufs Blatt, er fällt im Feuer. Ich habe es verabsäumt, den starken Sturm zu berücksichtigen, der auch auf diese Entfernung das Geschoss verschlägt. Beim Hinkommen sehe ich, dass der Schuss am Träger sitzt, etwa 25 Zentimeter vom anvisierten Blatt entfernt. Es war nicht meine Absicht, auch wenn die Freunde mich loben. Es war der Sturm. Tief im Unterbewusstsein erinnere ich mich an die Mahnung des weltberühmten Jägers und Schützen, Herzog Albrecht von Bayern: „Nie auf den Träger schießen, ein solcher Schuss kann böse enden!" Jetzt ist der eiskalte Orkan so unangenehm, dass Attila auf den Rücksitz übersiedelt. Wir haben den ganzen Winter nicht so gefroren. Auf der Heimfahrt sehen wir auf 40 Meter ein langes, eher dick scheinendes Gehörn. Der Bock ist niedergetan. Lajos sagt, es wäre ein uralter und ich möge ihn schießen. Der Bock wird auf Hupen und Motor anlassen nicht hoch. Wir warten fast eine Stunde lang. Dann verliert Lajos die Geduld und fängt zu brüllen an. Der Bock wird hoch und stürmt, ohne anzuhalten, davon. Mein Rat, nur keine menschlichen Töne ertönen zu lassen, war in diesem Fall zu unserem Leidwesen richtig.

Wir fahren am nächsten Tag über Budapest nach Balatonfenyves. Ich kann dort mit großer Freude die Karfreitags-, Karsamstags- und Ostersonntags-Liturgie genießen. Alte, schon seit meiner Schülerzeit nicht mehr gehörte Gesänge rühren mich und ich bin den Tränen nahe. Auf unserer Flucht im Frühjahr 1945 mussten wir uns mit den langsamen Meierhof-Pferden beeilen, denn die Russen waren dicht hinter uns. Ostern konnten wir daher nicht feiern und ich erinnere mich noch sehr gut, wie mein frommer Vater darunter litt.

Das Fernsehen ist in Ungarn im Gegensatz zu früher völlig auf Ostern eingestellt. Ich empfange via TV den Ablass durch den Segen „Urbi et Orbi". Der Heilige Vater kommt fast ohne Begleitung in der schlichten Soutane und ohne Bischofsstab. Ich muss feststellen, dass alle seine Vorgänger, die ich erlebte, die Feier festlicher und sogar prunkvoller gestalteten. Doch „suum cuique" – Christus ist auferstanden!

Ein verkürzter Aufenthalt zur Rehbrunft 2014

Heuer bin ich ohne Unterbrechung das 45. Jahr in Horn zur Rehbrunft eingeladen. Ich freue mich schon den ganzen Vorsommer lang auf diesen Termin. Von Ende Juli bis Anfang August. Es ist nicht schön, die Monate Mai, Juni und Juli in der smogreichen und dabei fast windlosen Stadt Graz zu verbringen. Einladungen aufs Land sind ganz selten geworden, ebenso wie die alten Freunde, deren Großteil schon verstorben ist.

Am 27. Juli, einem Sonntag, komme ich in Horn an. Am ersten Tag springt untertags kaum ein Bock, dafür sehen wir am Abend auf den Feldern, die schon abgeerntet sind, leider aber ganz spät, einige Böcke, darunter einen sehr guten. Am nächsten Tag geht es um acht Uhr nach Rosenburg zum Blatten. Mein Pirschführer ist Oberförster Hafenscher. Es nieselt ein wenig, weswegen wir einen – mir schon lange bekannten – geschlossenen Hochstand aufsuchen. Das Revier Rosenburg ist in meinen Augen das landschaftlich schönste der Hoyos-Reviere rund um Horn, dafür gibt es dort die schwächsten Rehböcke. Das liegt daran, wie Oberförster Hafenscher es mir erklärte, dass alle Felder rund um den Wald Nachbarn gehören, die zum Großteil die zur Äsung austretenden Böcke schon am Anfang der Schusszeit erlegen. Auf diesem Hochstand ist mir noch nie ein Bock gesprungen, nur einmal eine Gais. Heute lasse ich mir Zeit, denn am Anfang der Brunft springen die Böcke selten vor einer abgelaufenen halben Stunde. So auch jetzt. Ein semmelgelber Bock überquert eine zum Feld führende Allee und verschwindet in der Dickung, die bis zur Hochstandlichtung reicht. Er will also Wind holen. Da der Hochstand hoch und das Tal tief ist, wird ihm das schwer gelingen. Plötzlich sehe ich einen Bock mit einfärbig grauem Gesicht am Rand der Lichtung auftauchen. Das habe ich erwartet und daher die Büchse schon rechtzeitig in Position gebracht. Es ist ein kurzer, abnormer Gabler. Gleichzeitig mit Hafenschers Aufforderung zum Schießen knallt schon mein Schuss und der Bock fällt in die Randbüsche. Ich habe ihn auf den Stich geschossen. Es ist mein erster Brunftbock in diesem Jahr und der erste im Rosenburger Revier. Wir blatten noch von zehn Uhr bis zwölf Uhr, aber es springen uns nur zwei junge Böcke.

Christine Eltz Gudenus,
1870–1958

Mutter des Autors,
Marianne Meran Eltz im Jahre 1982

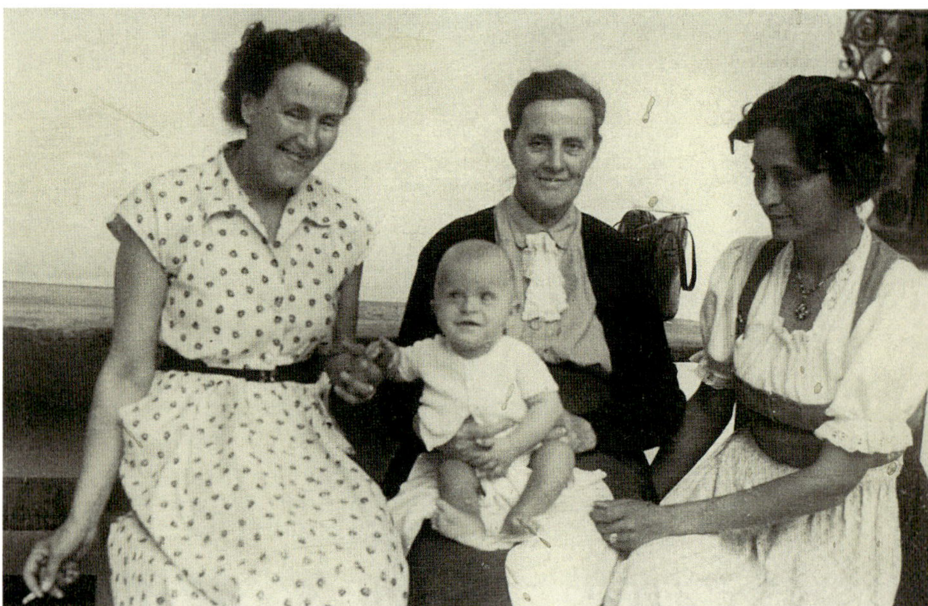

Vier Generationen; von links: Marianne Meran (1900–1994), Philipp Gudenus (geb. 1952), Großmutter Christine Eltz (1870–1958), Anna Gudenus Meran (1922–1999)

Speisezimmer …

… und Billardzimmer in Csákberény

Das Mittagessen wird in der Kantine eingenommen. Anstelle der gewohnten ungarischen Köchin Ilona gibt es jetzt einen Italiener. Wir spielen Würfel mit den Kindern, die das noch nicht kennen. Leider gewinne immer ich.

Nachmittags blatten wir im Sagerbacher Revier, wo die besten Böcke ihren Einstand haben. Am zweiten Platz sind wir auf jenem Hochstand, von wo aus ich im Vorjahr einen guten Abnormen schoss. Von rechts hinten springt uns ein ganz junger Bock. Ich zücke meine Kamera und fotografiere ihn mehrmals. Plötzlich sagt Hafenscher: „Dort links unten steht der Alte." Noch bevor dieser sich in Bewegung setzt, ist der Junge verschwunden und der schon erwartete gezischte Laut des Begleiters gibt ihn frei. Ich warte, bis er sich breit stellt. Sehe, dass er Wind vom Jungen hat und diesem gleich nachtürmen wird, ziele genau und lasse fliegen. Er fällt im Feuer. Der Bock ist eine freudige Überraschung. Ebenfalls abnorm, wie der am Vormittag erlegte. Auf der einen Seite hat er ein riesiges Vorderende, das höher ist als die Stange. Auf der anderen Seite wächst ihm ein verkrüppeltes Ende aus der Stange unmittelbar über der Rose heraus. Interessanterweise ist dieses Ende schneeweiß. An diesem Abend sehen wir noch etliche Böcke, allerdings am Feld von Zaingrub und dort bewegen sie sich meist erst spät. Zwei Abnorme an einem Tag, das ist erfreulich.

Am nächsten Tag, dem 29. Juli, blatten wir in Rosenburg, doch kein geeigneter Bock ist zu sehen. Dann kommt der Nachmittag. Wir blatten bei den früher so Erfolg versprechenden „Buchen", doch es springt uns nichts. Als wir gegen Abend den Sagerbacher Wald verlassen wollen, bitte ich den Oberförster, es doch auf dem Feld am Ostrand der Kohlmeissbreite zu versuchen, wo wir schon so viele Böcke erlegt haben. Der Hochstand ist sehr hoch, hinter uns der Wald, wohin man nicht sieht, vor uns ein bereits bearbeitetes Stoppelfeld, von dem der Oberförster sagt, dass der Bauer es erst vor einer halben Stunde verlassen hat. Wir stellen den Geländewagen gut getarnt, aber nicht weit weg ab. Der Wind ist gut. Hinter uns meldet eine Ringeltaube, die alsbald von einer Turteltaube abgelöst wird. Auch hier blatten wir schon eine halbe Stunde, als mich der Oberförster am Arm berührt. Rechts am Wald- und Feldrand bewegt sich ein Busch so heftig, dass dort nur ein Bock fegen kann. Und schon sehen wir ihn auf einer kleinen Lichtung. Er plätzt und markiert. Der Begleiter nickt. Ich lege meinen alten Jagdhut auf das Geländer, der rechte Ellenbogen ist auch aufgelegt. Ich sehe, es ist ein sehr starkes Reh, doch ich konzentriere mich auf den Schuss. Er steht völlig breit auf der einzigen kleinen Lichtung, auf die man sehen kann. Im Schuss fällt er im Feuer. Als ich hintrete, traue ich meinen Augen kaum. Vor mir liegt, mit abgezirkeltem Blattschuss gefällt, wahrscheinlich der beste Bock, den ich jemals bei Hoyos im Waldviertel geschossen habe. Er hat riesige Rosen, ist circa 24 bis 25 cm hoch, dick und bis hinauf geperlt. Sagenhaft, wie uns das Glück diesmal hold war. Aber so ist die Jagd. Schon jetzt schätze ich ihn auf gut über 400 Gramm netto. In Ungarn, wo man die Kapitalböcke noch mit Medaillen ehrt, könnte er nahe an der Goldmedaille sein. Ausschlaggebend ist für mich wie immer das Volumen, denn dieses ändert sich auch bei Austrocknung des Gehörns nicht. Mit großer Freude fahren wir nach Hause.

In derselben Nacht stirbt mein Bruder Feri, zwei Wochen vor seinem 90. Geburtstag. Er und wir alle haben uns schon auf die Geburtstagsfeier mit dem berühmten Zigeunerprimas aus St. Margarethen im Burgenland gefreut. Nun ist er tot. Vor zehn Tagen habe ich ihn in der Klachau besucht. Er war guter Dinge, wie immer voller Witz und Humor, doch mir fiel auf, dass er in den letzten Wochen sehr stark abgenommen hatte. Wir aßen noch gemeinsam und er nahm von jedem Gang etwas. Wie er behauptete, hatte er keine Schmerzen. Fast jeden Tag haben wir danach noch miteinander telefoniert. Meistens auf ungarisch und sehr oft über irgendeinen Namen, der uns zuerst nicht, dann aber doch eingefallen war. Seine letzten Worte an mich am Telefon lauteten: „Mach's gut, bis zum nächsten Mal!"

Wie tief mich der Verlust meines Bruders getroffen hat, das kommt jetzt immer mehr an die Oberfläche. Wir schliefen im selben Zimmer. Wir hatten sogar eine Geheimsprache, die sich aus ungarischen Bauerndialekten zusammensetzte. Mein Bruder war von Anfang an ein ganz großes Zeichentalent und malte in späteren Jahren auch sehr gute Porträts. Was viele andere Talente anbelangt, war er allen seinen Geschwistern überlegen. Er war beispielsweise ein Spitzenleichtathlet, der sogar für die Olympiade 1940 nominiert war. Allerdings war er manchmal langsam und wie viele Genies in gewisser Hinsicht auch faul, vor allem schreibfaul. Denn allein die über 20 Jahre in Afrika hätten es verdient, schriftlich festgehalten zu werden.

Da ist es ein großer Verdienst des Journalisten und Freundes Klaus Neuberger, dass er ihn aufsuchte und insgesamt neun Stunden lang ein Interview mit ihm führte. Er sagte, und er hat darin große Erfahrung, dass er noch nie einen Menschen erlebt hat, der so gescheit und sprachlich perfekt auf Fragen geantwortet hat. Wie mir seine liebe Frau Anny sagte, hat er seine Memoiren letztlich doch zu Papier gebracht und auf diese freue ich mich schon heute. So wie er sprach, so schrieb er auch. Außerdem war er ein guter Lyriker.

Heute zurückblickend waren wir Brüder in vielem, oft ungewollt, Pioniere. So mussten wir auf Geheiß unseres Lehrers Walter täglich „joggen", im Jahre 1933! Aufstehen um halb sechs Uhr mit dem Pfadfinderspruch auf Ungarisch „ami tőlem tellik", was so viel bedeutet wie „was ich (er-)

Oberkutscher Vörös János ist mit der Jagdkutsche vorgefahren.

13. Jänner 1927; Strecke vor dem Schloss mit den Kindern Anna und Christl Meran, im Hintergrund der Vater Philipp Meran sen.

füllen kann, tue ich". Feri sagte damals: „Was kann ich schon füllen? Den Nachttopf!" Feris Fantasie war damals schon mit Risiko und Abenteuerlust so angefüllt, dass seine spätere Laufbahn vorgezeichnet schien. Zwischen 1945 und 1948 waren wir zwei wieder in Csákberény. In dieser Zeit unternahmen wir acht illegale Grenzübertritte nach Österreich. Die Anlässe waren verschieden. Einmal Weihnachten feiern, einmal die Silberne Hochzeit unserer in Stainz lebenden Eltern, einmal eine Gamsjagd in Brandhof und sogar zur Hochzeit von Heinrich Rosenberg und Lori Goëss nahmen wir das Risiko auf uns, „schwarz" nach Österreich zu gehen. Das heißt: Feri war der Initiator dieser Ausflüge, ich wollte in unserem neuen Bauernhaus verbleiben, das ich immer mehr in mein Herz schloss. Auch war ich weniger risikofreudig als Feri. Einmal ging er allein, wurde von der ungarischen Geheimpolizei in Salzburg erkannt und dann kam er nur, um mich mitzunehmen, nach Csákberény. Seine Pester Wohnung war schon von der ÁVO überwacht. So viel wenig Bekanntes über Bruder Feri.

Nach der Todesnachricht hing ich am Telefon. Wusste, dass ich meinen geliebten Horner Aufenthalt lange vor Erreichung meiner Abschussquote verlassen musste.

Am ersten Vormittag schoss ich am Ruf einen Einstangler in Sagerbach. Dann folgten zwei Tage, an denen einfach nichts Schussbares zu sehen war. Am 2. August erlegte ich mit Oberförster Kauderer am Vormittag in Sieghartsreith einen engen Abschussbock. Dieser sprang nicht, er wurde gleichzeitig mit der Gais kurz vor Mittag aus einem Wildacker hoch. Den sechsten und letzten Brunftbock möchte ich noch kurz beschreiben. Es war auf einem Hochstand in Sagerbach unweit der Reviergrenze. Es kam, wieder nach längerem Blatten, nur ein junger Sechser. Ich fotografierte ihn. Plötzlich sah ich, wie über die Grenze ein starker Bock herüberstürmte und in „unserem" Wald, da er vom sonnigen Feld kam, einmal verhoffte. Endlich sah er den wegflüchtenden Jungen. Der Starke war knapp vor dem Abspringen, um diesen zu verfolgen, doch ich war schneller. Er fiel im Feuer mit Treffer am Halsansatz. Der Bock war recht gut, hatte riesige Rosen, war alt und der Oberförster freute sich, dass er unsere und nicht der Nachbarn Beute wurde.

Am nächsten Tag fuhr ich nach Graz zurück. Die Verabschiedung durch die Familie meines Neffen, besonders der Kinder, werde ich nie vergessen. Am 7. August war die Verabschiedung meines Bruders in Tauplitz. Mit seinem Weggang ist ein langes und schönes Kapitel meines Lebens zu Ende gegangen. Der kapitale Bock, den ich mit so viel Glück erbeuten konnte, fiel am Todestag meines Bruders. Hat er da „mitgeholfen"? Über Leben und Tod wissen die Menschen viel, aber nicht alles.

MEIN GROSSER BRUDER FERI

Mein Bruder Feri ist gestorben. Er war ein sehr bedeutender, ja ein großartiger Mensch und von einer unendlichen Bescheidenheit. Wie er lebte, so starb er auch. Er wurde als Erbe eines Besitzes geboren und war doch eine lange Zeit seines Lebens subaltern, von anderen abhängig. Was blieb uns, was blieb ihm anderes auch übrig? Er maturierte (so wie ich) im Jesuitenkolleg in Pécs 1942. Anschließend ging es an die Hochschule für Landwirtschaft und Bodenkultur nach Magyaróvár in Westungarn, dann kam der Militärdienst in Hajmáskér. Und als Feri und ich als Einzige der Familie 1945 nach Ungarn zurückkehrten, durfte er als Klassenfeind sein Studium nicht mehr fortsetzen. Ungarn war von 1945 bis 1990 von den Sowjetbolschewisten beherrscht und restlos ausgeplündert. Leute wie wir wurden, im wahrsten Sinne des Wortes, zu Parias erklärt. Nicht wegen unserer Rasse, nicht wegen unserer Taten, sondern einzig und allein wegen unserer Klasse, wie sich die massenmörderischen Bolschewisten im Sinne des Marxismus-Leninismus auszudrücken pflegten.

Es folgte eine Stellung bei den Amerikanern in Linz. Die Eltern, Max und ich hatten vorher wegen eines Unfalls des 15-jährigen Bruders Max bei Weichselboden, in Brandhof, Quartier bezogen, um den Buben nicht allein zu lassen. Dieser Umstand rettete das von Erzherzog Johann erbaute Familienzentrum, das ansonsten ohne Zweifel – nur zwei Meter neben der Landstraße gelegen, über die in zweieinhalb Monaten 60.000 Russen fuhren und marschierten – der Ausplünderung zum Opfer gefallen wäre, denn die Rote Armee pflegte ja auch die Häuser von Wegmachern und Hilfsarbeitern zu plündern. Dies nur am Rande.

1950 starb ganz plötzlich unser über alles geliebter Vater. Meine Mutter nahm Arbeiten in zwei verschiedenen Fabriken an. Feri ging bald nach dem Tod unseres Vaters als Jagdleiter nach Hinterriss, welches das belgische Königshaus über Vermittlung von Außenminister Figl gepachtet hatte. Danach ging Feri nach Afrika, wo er zuerst kurz als Angestellter, später aber als selbstständiger Unternehmer, White Hunter wurde. Erstmalig in seinem Leben selbstständig und so erfolgreich, dass er bald einer der begehrtesten

Berufsjäger in Tansania war. Endlich fühlte er sich als freier Mann. Doch unpolitisch wie er war, übersah er, dass dieses Land von einem pseudo-kommunistischen Diktator geführt wurde. Und es kam, wie schon mehrmals erlebt, wie es eigentlich kommen musste. Er wurde des Landes verwiesen.

Anfang der Achtzigerjahre kam er nach Österreich zurück. Durch Intervention meines Bruders Max, der damals Direktor der Bank für Kärnten war, und seines Chefs, des legendären Generaldirektors der Creditanstalt-Bankverein (des beim Schreiben dieser Zeilen 102 Jahre alten und bei Drucklegung bereits verstorbenen) Dr. Heinrich Treichl, wurde er Jagdleiter in den Revieren der Bank, in Klachau und Tauplitz, wo er aus Gründen von, während des Afrikaaufenthaltes, nicht eingezahlten Pensionsbeiträgen bis zu seinem 80. Lebensjahr erfolgreich dienen musste. Dies war in kurzen Zügen sein beruflicher Werdegang, den man sich ursprünglich so ganz anders vorgestellt hatte.

Am 15. August wurde er im Csákberényer Schloss – wie übrigens alle seine Geschwister – nach zwei Mädeln als lange ersehnter Sohn geboren. Sein Taufpate war unser Großvater, Dr. Johann Meran. Er fuhr mit Feri in einer Kalesche auf Umwegen zur Kirche, während die Kirchenglocken läuteten. Zu Fuß hätte der Weg zur Kirche über eine kleine Tür höchstens 80 Meter ausgemacht! Im geretteten Jagdbuch meines Vaters steht mit Datum 15. August 1924: „Feris Taufböcke." Damals war es üblich, die Kinder gleich nach der Geburt taufen zu lassen.

Alles konzentrierte sich auf den jungen Erbgrafen, der prächtig gedieh. Etwas über zwei Jahre später kam ich zur Welt. Vorerst wohnten wir alle im Kinderzimmer. Erst als ich sechs und Feri acht Jahre alt wurde, bekamen wir Buben ein eigenes Zimmer unmittelbar neben dem Schlafzimmer der Eltern. Die Fenster sahen nach Osten. Ein Jahr darauf kam ein Lehrer namens Walter Sándor zu unserer Betreuung. Er war modern, streng und ein Pfadfinderoffizier. Jeden Tag wurden wir um halb sechs Uhr geweckt, dann mussten wir Leiberln mit dem ungarischen Wappen anziehen und ab ging es zum Frühturnen und Laufen. Der vordere Park musste nach dem Turnen „abgelaufen" werden. Sehr zum Gaudium der Gärtnerburschen, die ansonsten unsere Fußballfreunde waren. Damals sprachen wir noch vor dem Einschlafen über eine von uns kreierte Fantasiewelt, in der sich die Figuren in allen gelesenen Karl-May-Büchern mit unseren Freunden und natürlich mit uns zweien sozusagen vermischten. Wir nannten das aus heutiger Sicht wenig verständlich „politika". Wir sprachen damals miteinander ungarisch und wenn der eine einschlief, merkte es der andere erst an der Nichtbeantwortung seiner Frage. Die Eltern hatten zwischen unserem

„Bubenzimmer“ und ihrem Schlafzimmer eine gepolsterte Doppeltür, hörten von unseren Reden also nichts.

Lehrer Walter war ein Mann von 22 Jahren. Wir mussten auch immer mit ihm spazieren gehen. Damals fiel es uns nicht so auf, aber heute wissen wir, dass er mit der Frau des protestantischen Pastors eine Affäre hatte und wir immer dann dorthin zogen, wenn Walter durch das Glockengeläute wusste, dass der gehörnte Ehemann predigend auf der Kanzel stand. Uns blieb es, mit den Tieren im Garten zu spielen. Später zogen sich unsere Spaziergänge in weitere Gefilde. Ich erinnere mich sogar an Csókakő, das immerhin fünf Kilometer von Csákberény entfernt lag. Walter hatte, wie alle, gute und schlechte Eigenschaften. Zu den guten gehörte es, dass wir unter seiner Regie, zusammen mit der Dorfjugend, im größten „Saal“ im Parterre des Granariums (Schüttkasten), der zur Verfügung stand, Theater spielten. Wir lernten damals klassische Texte, prägten uns ungarische Lieder ein und übten das Agieren vor der Öffentlichkeit. Das gehörte zu seinen guten Eigenschaften. Zu den weniger guten gehörte die Tatsache, dass er uns gelegentlich schlug, Feri sogar arg verprügelte, was meinem Bruder für alle Zeiten jede Sympathie für die Pfadfinder nahm. Dabei hatten wir auch ganz schöne Erlebnisse, beispielsweise im Jahre 1933 das Jamboree der Pfadfinder (ein internationales Pfadfinder-Festival), ich glaube in Gödöllő. Vorher nahmen wir an einigen Lagerfeuern, zum Beispiel in Forrás-puszta, teil. Meine persönliche Sympathie hielt sich mit der Antipathie die Waage. Immerhin kann ich das Pfadfinderlied auch heute noch und das Festlied des ungarischen Jamboree 1933.

Als meine Mutter nach dem Prügelvorfall zu uns ins Bad kam, um jedem von uns am Ende einen Krug kalten Wassers über den Körper zu gießen, was täglich geschah, bemerkte sie bei Feri am Hintern grünblaue Striemen. Man sagte ihr, dass das die Folgen der Züchtigung von Walter waren. Nun meine lieben Leser, wir lebten damals in einer anderen Zeit. Dem Prügler geschah nichts. Denn nach der These von damals hatten die Erwachsenen immer Recht. Man stelle sich nur vor, was mit einem Pädagogen heute geschehen würde. Uns haben sogar Diener nicht selten ins Gesicht geschlagen. Wir lebten bis nach dem Krieg in einem Alters-Kult. Dann setzte der radikale Jugend-Kult ein („Trau keinem über Dreißig!“). Heute geht das so weit, dass Kinder ein Familienessen verlassen können und dass Erwachsene schweigen, wenn ein Kind zu reden beginnt. Ich liebe Kinder unendlich, aber das, so scheint mir, geht doch etwas zu weit.

Aber zurück zu Feri. Er war ein völlig unpolitischer Mensch. Wenn er sich politisch äußerte, waren seine Aussagen fast immer neutral. Ausgenommen natürlich der Bolschewismus. Den Nazis konnte er auch in ihrer erfolgreichsten Zeit nicht das Geringste abgewinnen. Ihn interessierten viel mehr die Menschen als die Ideologien. Bei Frauen hatte er unvorstellbaren Erfolg. Nicht er machte ihnen den Hof, sie liefen ihm nach, und zwar aus jeder Gesellschafts-Schicht. Er fand das ganz natürlich und kümmerte sich nicht allzu sehr um das Problem. Ihm fielen die „reifen Früchte" schon in den Schoß, als er noch wenig Erfahrung bei Frauen hatte.

Wie ich schon erwähnte, war eine seiner Haupttugenden die Bescheidenheit. Niemanden konnte er mehr verachten als die Selbstdarsteller. Die Bescheidenheit ging so weit, dass er – der viel gereiste – zum Beispiel keine Tagebücher über Afrika schrieb und keine Bücher veröffentlichte, obgleich er ein hervorragender Schriftsteller war und nebenbei noch fabelhafter Karikaturist. Ich sagte ihm einmal, als er von Afrika zurückkam, er solle mit einer deutschen Illustrierten über ein wöchentliches (Karikatur-)Bild verhandeln, die zahlen ihm für eine Stunde Arbeit in der Woche mehr als die ihm vorgestellte Bank. Er lehnte das ab, obwohl ich insistierte, dass er auch ein wöchentlich erscheinendes Gedicht dazu schreiben könnte, auch das würde ihm viel Freizeit einräumen, was ihm immer das Wichtigste war. Er lehnte auch die Illustration meiner Bücher ab und nur so entschloss ich mich, die vom Verlag erbetenen Vignetten selbst zu zeichnen, obgleich ich nicht gut zeichnen konnte. Wie so viele überbegabte und geniale Menschen hatte er auch eine faule Ader und nur wenn er diese ablegte, kam der wahre Könner ans Tageslicht. Was er an angeborener Genialität besaß, das machte ich mit Fleiß. In der Schule allerdings taten wir uns beide leicht. Während ich mir die zu lernenden Texte visuell merkte, organisierte er ein Netz von geschickten „Einsagern" und merkte sich immer nur das, was der Professor abseits des Lernbuchtextes sagte.

Er war eher von der bedächtigen, abwartenden Art, während ich die Schnelligkeit bevorzugte, übrigens später auch im Spitzensport (Wurftauben). Feri war, weil wir gerade vom Sport reden, in der Leichtathletik eine Koryphäe. Er war so gut, dass er bei einem Hochschulbewerb 1942 in Siebenbürgen Erster im Weitspringen mit 6,70 Metern wurde. Man nominierte ihn in den Olympischen Kader. Denn die letzte Olympiade war 1936 – und da war Feri 12 Jahre alt – die nächste war für Rom 1940 vorgesehen, es kam aber der Krieg dazwischen und so wurde erst 1948 die Sommerolympiade in London abgehalten. Das war ein großer Kummer für Feri, den die neue Volksrepublik weder trainieren ließ noch (als Klassenfeind) in den Kader aufnahm, obgleich er noch nicht 24 Jahre alt war. Nie sprach oder schrieb er über dies, weil er eben ganz einfach bescheiden war.

Eine andere Eigenschaft war sein Stolz, sein fester Charakter, der in vielen Bereichen zur Geltung kam. Nicht etwa Adelsstolz, so etwas kannte er gar

Selbstkarikatur von Feri Meran (2011), gewidmet einem ungarischen Freund.

nicht, sondern gegenüber einigen hiesigen Adeligen, für die er erst dann ein Jemand wurde, als er in Afrika einer der erfolgreichsten Jagdführer wurde. Und in puncto Frauen war er vielleicht ein wenig zu stolz. Er liebte es nicht, von reichen Frauen umworben zu werden. Unter uns gesagt, was hätte er für eine „Karriere“ gemacht, wie berühmt hätte er – eben durch reiche Frauen – werden können, aber gerade das verbot ihm sein bis zur Sturheit gehender Stolz.

Er hatte ungeheuer viel Humor bis in seine letzten Tage. Als er endlich darauf kam, welche Anziehungskraft er auf die Frauen hatte, leistete er es sich, sozusagen als Sport, anderen die Frauen auszuspannen. Auch ich war einmal, aber nur einmal, eines seiner „Opfer“. Als er dann wieder wegfuhr, sagte ich der Dame auch „adieu“, denn auch ich hatte meinen Stolz oder nennen wir es Eitelkeit. Ganz selten nahm Feri an einer meiner Grazer Partys teil. Wenn er erschien, ging durch die anwesenden Damen ein merkbares Raunen. Das Gleiche erzählte Schwester Lori aus ihrer Münchener Zeit.

Feri und ich hatten gute, verlässliche Freunde, auf die wir uns immer verlassen konnten und diese Freundschaften hielten bis zum Tod. Feri schrieb nicht sehr gerne Briefe. Wenn er nicht antwortete, wendeten sich die Briefschreiber an mich und mir blieben sie dann bis zu ihrem Ableben. Ich sagte schon, dass Feri viel Interesse für andere Menschen hatte. Oft kannte er sie besser als ihre Umgebung, weil er ein fabelhafter Graphologe war und diese Kunst ihm so wichtig war, dass er sie bei neuen Freundschaften immer heranzog und verwendete. Durch seine Stellung als Jagdleiter in der Klachau lernte er viele prominente Menschen kennen, die Einladungen von der Bank annahmen. So war zum Beispiel der ungarische Ministerpräsident Medgyessy, ein Kommunist, sein „per-Du-Freund“, obgleich Feri von Anfang an ein Anhänger von Orbán war.

Für die moderne Kunst hatte er nicht allzu viel Verständnis, im Gegensatz zu manch hochadeligem Prominenten. Und so verschenkte er mit Passion das Buch des ungarisch-jüdischen Schriftstellers Ephraim Kishon, in dem dieser (das ganze Buch hindurch) die moderne Kunst als Scharlatanerie und Betrug bezeichnete. Ob er mit dieser Aktion „missionarische“ Erfolge erzielte, ist zweifelhaft. Zu viel Geld steckt in dieser Branche und zu viel Hässliches hängt, schön eingerahmt, in bürgerlichen und adeligen Wohnungen. Obgleich ihn Menschen grundsätzlich interessierten, mied er im Alter immer mehr große Veranstaltungen, wie Empfänge, Hochzeiten und Geburtstage, weil er bei all dem Gequassel kaum einen Ton verstand.

Oft fragten mich die Leute, warum ich nie bei ihm in Afrika war. Er hat mich wohl eingeladen. Ich wusste aber, dass er das Geld selbst gut brauchen konnte, ebenso wie ich. Dabei fiel mir mein Freund Hofrat Blanc ein, den ich seit meiner Zeit als Krainers Ungarn-Referent gut kannte. Er, der frühere Protokollchef, war Feuer und Flamme, eine Expedition für unser Jagdmuseum zu organisieren, der alte Landeshauptmann Krainer hatte schon eingewilligt. Doch dann starb Krainer senior auf einer Jagd in Herbersdorf und sein Nachfolger wollte von der Expedition nichts mehr wissen. So fiel unser Traum ins Wasser.

Durch meinen Bruder Feri wurde ich Anfang der Fünfzigerjahre auf die sechstägige Hofjagd in Belgien eingeladen, wobei wir beide im königlichen Schloss wohnten. Auch Erzherzog Otto von Habsburg war zur Jagd eingeladen sowie auch László Szápáry und Puka Fürstenberg. Schon damals fiel mir auf, wie der Erzherzog mit der Kugel gut auf flüchtige Sauen schoss. Vorsichtig fragte ich ihn, wo er das gelernt hatte. „Schauen Sie, ich war ja jahrelang in Steenogerzell, studierte auch in Belgien und wurde viel auf Riegeljagden eingeladen."

Über die Jagden in Herzogenburg, Saint Michel, Saint Hubert, Ciernion wurde ich öfters befragt und habe sie ganz genau in einem meiner ersten Bücher beschrieben. Doch auch nach Hinterriss lud mich die sehr von mir verehrte Prinzessin Liliane von Belgien (de Réthy) auf Hirsche und kapitale Gamsböcke ein. Auch dort war Feri beim Personal und den Gästen sehr beliebt, hatte aber Kontroversen mit der Prinzessin und quittierte den Dienst, um bald danach in Afrika zu landen.

In Afrika war er im Staat Tansania (vormals Tanganyika) zu Hause und wohnte vorerst als Angestellter des Afrikajägers Dr. Andreas von Nagy in Usa River, nahe Arusha. Schon nach zwei Jahren machte er sich aber selbstständig, mit Sicherheit Feris schönste Zeit in seinem Leben, abgesehen von der Kindheit in Csákberény, dem unvergessenen Jugendparadies.

Am Tag unserer Flucht aus Csákberény (aufgeteilt auf drei JU-52-Transportmaschinen der deutschen Luftwaffe) hatte mein Vater unsere Familie der Muttergottes von Mariazell zur Obhut empfohlen. Die Flucht aus Csákberény hat Feri nicht mehr mitgemacht, weil er mit seiner gesamten militärischen Einheit von Hajmáskér nach Deutschland verlegt wurde. Übrigens war er als Offiziersanwärter bei den berittenen Artilleristen eingeteilt. Seine Kameraden waren unter anderem Dezső Pongrácz und Tamás Hybján. Vater erneuerte seine Schutzempfehlung an die heilige Muttergottes von Mariazell, als wir zwei, Feri und ich, mit einem Heimkehrertransport im Dezember 1945 nach Csákberény zurückkehrten. Der Schutz der heiligen Muttergottes hat dabei bestens funktioniert, denn wir waren in diesen Jahren oft in Lebensgefahr.

Dazu zähle ich auch die vielen illegalen Grenzübertritte nach Österreich, denn die Bolschewisten und ihre Helfershelfer gaben uns natürlich keinen

Pass. Bei diesen Grenzübergängen waren immer zwei Grenzen zu überwinden. Einmal die damals noch nicht verminte, aber streng überwachte Staatsgrenze zwischen Ungarn und Österreich und dann noch die Westgrenze der kommunistischen „Kolonie“ zwischen der russischen und der englischen Zone in Österreich. Der Initiator zu den gefährlichen Grenzgängen war immer Feri, so als würde er die Gefahr wissentlich suchen. Er war eben ein geborener Abenteurer, ich aber nicht.

Doch zurück in die Kinderjahre. Nach Walters Abgang, etwa 1935, bekamen wir einen Gymnasialprofessor, der uns als Privatschüler unterrichten sollte. Er hieß Mészáros János. Gegenüber Walter ein Sir, ruhig und einfühlsam, der sich sehr bald mit dem ihm fremden Schlossleben vertraut machte und befreundete. Vater vertraute ihm völlig und bald durfte er uns auch auf unseren kleinen Flobert-Jagden begleiten. Wir hatten ein wunderbares Walther-Kleinkaliber, mit dem man bei Geradestellung des Öffnungsbügels auch automatisch, ohne zu spannen, schießen konnte. Damals erlegte man Erdziesel, die besonders bei uns massenhaft vorkamen, sowie Würger, Spatzen und Krähen. Im Jahr 1943, bei seinem vorletzten Besuch in Csákberény, hat sogar unser 76-jähriger Großvater begeistert mitgehalten. Inzwischen war nämlich ein Zielfernrohr montiert worden. Wenn in früheren Jahren die Strafe bei unseren Untaten das Verbot, eine Süßspeise zu essen, war, so führte man nunmehr den Verlust der Waffe für drei Tage, eine Woche oder zwei Wochen ein. Wie langsam damals diese waffenlosen Tage vergingen und wie schnell läuft die Zeit jetzt im Alter!

Feri schoss seinen ersten Rehbock (wie es in der Familie üblich war) mit 14 Jahren, im Jahr 1938. In diesem Jahr erlegte mein Vater, der das Csákberényer Gut endlich als Schenkung geerbt hatte, seinen Lebenshirsch am Cser. Endlich konnte er jagen, was er wollte. Großvater hatte sich nur die Erlegung von drei guten Brunfthirschen vorbehalten. Niemand ahnte damals, dass ein Jahr später der Zweite Weltkrieg ausbrechen würde und dass wir unser Csákberényer Paradies innerhalb von sechs Jahren endgültig und unwiederbringlich verlieren würden. 1938 war auch das Jahr, in dem Feri als Zögling in Pécs einrückte und ich ein Jahr darauf, drei Tage nach Beginn des Polen-Feldzuges.

In den Ferien berichtete mir Feri vom Internatsleben. Was er erzählte, klang für mich eher negativ. Ganz schlecht fand ich nachträglich, dass wir unsere wenigen Jahre nicht zu Hause im vertrauten Heim bei den Eltern, Geschwistern und Hunden verleben durften, sondern 250 Kilometer südlich in einer fremden Stadt, mit fremden Menschen im Pius-Internat zu Pécs. Mir schien, obgleich ich Klassen-Erster war, das Pensionat als eine Art Mischung von Kaserne und KZ. Welch einschneidender Unterschied! Feri tat sich von Anfang an leichter. Er war kräftig und verschaffte sich Respekt. Das Gymnasium und auch seine Lehrer aber hatten wir beide gern, hatten wir doch hervorragende Professoren, die zum Teil aus Innsbruck und Kalksburg kamen, nachdem man dort nach der deutschen Invasion die Klöster aufgelöst hatte. Auch unser älterer Vetter aus Kőrösladány war ursprünglich Zögling in Kalksburg. Wenn man heute einen Vergleich anstellt, schaut es düster aus. Jesuiten in Zivil, in meiner Zeit undenkbar, Mädchen im ehemaligen Knabeninternat und Buben in Pressbaum im Sacré Cœur, wo meine Mutter und ihre Schwestern studiert hatten. Feri nahm das alles leichter. Er war kein Grübler und Weltverbesserer, wie ich es mir einbildete, einer zu sein. Er nahm die Dinge so, wie sie kamen. Ich aber schrieb 25 Bücher als ewiger Kritiker und Querulant, doch es änderte sich, nach meinem Verständnis, nichts zum Besseren, doch viel, mit einigen Ausnahmen, eher zum Schlechteren.

Feri war ähnlich wie ich ein Feind jeder Vereinsmeierei und wir sind auch keinem Verein beigetreten. Einzig und allein der Steirische Wurftaubenclub, den ich zusammen mit Erni Stubenberg 1952 gründete, sah mich als Mitglied, doch ich lehnte die Präsidentschaft über Jahrzehnte ab. Ich war Sportwart und Vizepräsident, heute bin ich Ehrenpräsident.

Feri kam aus Afrika öfters nach Österreich, dabei habe ich ihn bei einigen Jagden, bei denen ich Stammgast war, sozusagen eingebettelt. So war er durch mich in Waldschach, Hainfeld und Kirchberg an der Raab sowie Gasselsdorf. Seine Schießkunst mit Schrot bewunderte ich sehr, hatte er doch in Afrika darin wenig Übung. Dass er als Kugelschütze hervorragend war, hörte ich oft und wusste ich genau.

Kunden von Feri waren unter anderem mein Freund René la Roche, der Sänger und Schauspieler Bing Crosby und etliche andere Prominente, wie zum Beispiel Präsident Gerstenmeier. Bei seinen Österreichbesuchen jagten wir oft zusammen. So bei der guten Hasenjagd in Reisenberg, in Ebreichsdorf bei Richard Drasche, in Neudau und Horn, neben den anderen schon erwähnten Jagden in der Steiermark.

Feri hatte die Eigenschaft, sehr bald über einen Menschen ein Urteil zu fällen. Wie gesagt, half ihm dabei die Graphologie. Er war kritisch, aber nicht nachtragend. Wirkliche Freunde für das Leben hatte er relativ wenige, aber die waren treu bis in den Tod. Wie viele interessante Menschen, hatte er eine Korona von Satelliten um sich. Sie waren zwar Freunde, aber keine Lebensfreunde. Wenn sie ihm zu oft und zu viel schrieben, stellte er ohne Kommentar die Korrespondenz einfach ein. Wie ich schon sagte, schrieben sie dann mir, obgleich sie nicht immer meine Freunde waren, wohl wissend, dass ich mich mit der Beendigung einer Korrespondenz schwerer tat als Feri.

Feri Meran, 1979

Feri und sein Vater Philipp im Sommer 1949 in der „Höll" bei Weichselboden

September 1948, 200 Meter von der Grenze in Ungarn entfernt; Feri mit Bauern im Weingarten vor der letzten Flucht

Es waren meistens ausgewanderte Flüchtlinge aus Ungarn, die Heimweh hatten. Heimweh nach Europa und gleichgesinnten Menschen. Es hat ihnen aber niemand befohlen, so weit und in so fremde Länder zu fliehen. Sie dachten sich vielleicht, der ist Pensionist, der hat Zeit zum Schreiben. Dabei hat der Pensionist, gerade wenn er schon älter ist, immer Zeitnot, einfach darum, weil bei ihm alle notwendigen Handlungen langsamer ablaufen. Man ist langsam und dadurch vergeht die Zeit so unvorstellbar schnell. Vor meinen geistigen Augen sehe ich noch Feri in Csákberény als „Erbgraf" auf einem Pferd durch die Wälder reiten, hinter ihm sein treuer Vizsla-Rüde Fickó. Wie waren wir voll der Hoffnung und wie ganz anders kam es.

Bald nach Beendigung der schrecklichen Russenzeit im Waldschloss Brandhof erschien eines Tages Feri, der sich aus der amerikanischen Kriegsgefangenschaft bei Würzburg, wohin er bei Kriegsende gekommen war, auf elegante Weise entfernt hatte. Und das kam so. Feri zeichnete und malte zuerst die GI's, besonders die schwarzen. Das hatte sich herumgesprochen und nun wollten auch die Offiziere Porträts von Feri. Er sagte, dass er dazu einen Tisch und gute Beleuchtung brauche und die Offiziere ließen ihn, den Kriegsgefangenen, in ihr Büro. Zuerst unter Aufsicht, später auch allein. Als Feri allein im Chefbüro war, suchte er nur eines: Die Entlassungsformulare und die Stempel. Er wurde fündig und stellte sich einen Entlassungsschein aus, wobei er die doch etwas anders aussehende amerikanische Schrift ausgezeichnet kopierte. Nach einigen Tagen ging er dann mit einer Gruppe von Entlassenen gemütlich und wohl gelaunt aus dem Gefangenenlager Würzburg hinaus und wurde dort nicht mehr gesehen. Als er in Brandhof ankam, sah man an ihm, wie grausam die Amerikaner ihre Gefangenen hungern ließen. Er hatte Hungerödeme. Zufällig weilte auch der englische Kommandant von Gusswerk, Major Papillon, damals zum Tee in Brandhof. Er hörte sich Feris Bericht an und verhaftete ihn dann als Kriegsgefangenen des Vereinigten Königreiches. Feri hätte leicht fliehen können, denn der Major hatte nur seinen Fahrer mitgenommen, begleitete ihn aber willig und mit freundlichem Gesicht. Feri konnte schon damals gut Englisch und der Major ließ ihn neben sich sitzen. Am nächsten Tag war er wieder in Brandhof, diesmal mit echten englischen Entlassungspapieren und einem neuen Ausweis.

Nun hatte besonders ich, nach zweieinhalb Monaten Russenbesatzung (die fast täglich wechselte) die Sehnsucht, von hier wegzufahren. Feri und ich beschlossen, nach Glanegg zu fahren und unsere Schwestern zu besuchen. Vor der Befreiung durch die Amerikaner mussten meine Schwestern, um Lebensmittelkarten zu bekommen, manuelle Arbeit leisten. Jetzt waren beide (Anna und Christl) als Schreibkräfte bei den Amerikanern untergekommen. Mein vorausschauender Vater hatte sie noch in Ungarn in den

Ferien zu Stenotypistinnen ausbilden lassen. Maxis Zwillingsschwester Lori war damals noch ein Schulkind, sie kam Jahre später zu „Radio free Europe" nach München. Nun, das Wegkommen von Brandhof war nicht ganz leicht. Ein Mal am Tag kam ein Lastauto der Firma Kothgasser hier vorbei, damit mussten wir nach Kapfenberg fahren. Die schönen schwarzgelben Postautobusse hatten die Russen mitgenommen, die laut Beschluss von Jalta in der Steiermark nichts zu suchen hatten. Die Steiermark war englisch, Salzburg war amerikanisch. Von Kapfenberg an ging es mit der Bahn weiter. An der Zonengrenze in Mandling hielt der Zug, behelmte Amerikaner stürmten den Zug und ließen uns nicht in ihre Zone. Doch nicht mit uns, nicht mit Feri! Nach dem lauten „lets go!" und „snell, snell!" der Amis verließen wir das Gelände des Bahnhofes und da es dunkel war, gingen wir ganz ruhig und langsam in den Wald, dort überquerten wir völlig ungestört die Zonengrenze, mussten aber dann bis zur nächsten Station gehen, um den ersten Zug, der in Richtung Radstadt und Salzburg fuhr, zu besteigen. Da inzwischen Onkel Fritz Mayr, Tante Marianne, Anna mit ihrem Chef Oberst A. G. Flues sowie Onkel Hansi in Brandhof waren, wussten sie Bescheid über unser Kommen. Onkel Hansi, der Bruder meines Vaters, war auch mit Rudolf C. v. Ripper, einem emigrierten und dann als Widerstandskämpfer mittels Fallschirm abgesprungenen, mit den Mayrs schon gut befreundeten amerikanischen Captain in Brandhof gewesen. Am Hauptbahnhof wartete dann ein GI auf uns, telefonierte mit Ripper und der kam mit seinem Jeep, um uns nach Glanegg zu bringen. Die Wiedersehensfreude war riesig. Mit neuen Papieren ausgerüstet (Viersprachenausweis) fuhren Feri und ich nach einigen Tagen nach Millstatt, um die dorthin geflüchtete Familie Pallavicino zu besuchen. Die waren aber, wie wir dort erfuhren, längst in Rom. Es war nur der Bruder von Onkel Alexi Tato da, der ja dort wohnte, und als Gast Gerardo Taccoli, der eigentlich ein Steirer war. Wieder zurück in Glanegg (die Fahrt mit dem Viehwaggon war nicht immer angenehm) besprachen wir uns mit Oberst Flues, dem netten Chef von Schwester Anna. Feri plante nämlich eine Heimkehr nach Csákberény, also zurück zu den Russen, um sich dort, so gut es ging, an die „Scholle zu klammern". Flues teilte uns mit, dass er in Budapest in Regierungskreisen verkehrte und mit dem Ministerpräsident Dálnoki Miklós Béla persönlich gesprochen hat. Dieser versicherte ihm, dass in Ungarn Demokratie herrsche und dass das auch so bleiben werde und dass jeder, der arbeiten wolle, getrost heimkommen solle. Er war auch mit einer Freundin von Anna, Sita Zichy, in Csákberény gewesen und gab uns eine Menge von Fotografien mit, die er dort von den Ruinen und auch von Menschen gemacht hatte. Für Feri war das Wasser auf seine Mühlen und meine zaghaften Einwände, dass in der Regierung ja Änderungen bevorstehen würden, wurden vom Tisch gewischt.

Zurück in Brandhof versuchte Feri Vater zu überzeugen, dass er und ich heimkehren sollten, auch Onkel Hansi würde mithalten. Einzig und allein der Gedanke, dass ich die achte Klasse studieren und auch die Matura ablegen sollte, sprach in meinen Augen dafür. Ungarn war theoretisch noch Königreich, die Jesuiten hielten den Schulbetrieb aufrecht, in Pécs war kein Schuss gefallen. Vater willigte ein und empfahl unsere Expedition der Gnadenmutter von Mariazell. Meine Mutter war von Anfang an dagegen. Sie kannte und fürchtete die Russen.

Anfang November sind wir trotzdem mit dem Heimkehrerzug nach Ungarn gefahren. Die Reise von Salzburg bis Komorn, wo wir auch verhört wurden, dauerte acht Tage, da die Sowjets die Lokomotive gestohlen hatten. In Csákberény waren wir vorerst beim Pfarrer in einem kleinen Zimmer untergebracht. Ich reparierte das im Krieg zerstörte Dach im Januar und Februar. Anschließend fuhr ich nach Pécs, wo ich in drei Monaten die achte Klasse lernte und im Juni die Matura mit Auszeichnung ablegte. Bei meiner Rückkehr fand ich das Dach von den Russen abgetragen. Zudem kündigte uns der Pfarrer. Die Gemeinde teilte uns ein Reihenhaus zu, das ich nach und nach mit alten Möbeln einrichtete. Mein neues Zuhause nahm langsam Form an. Schweine, Hühner, ein gepachtetes Feld für Futtermais. Feri war zu der Zeit in Budapest, wo er bei einem Präparator arbeitete.

Ende September 1948 mussten wir endgültig fliehen. Der Weg führte über Gógánfa nach Lutzmannsburg, von da weiter nach Wien. Anfang Oktober waren wir in Stainz. Die von mir aufgegebenen Bilder und Gemälde sind trotz der Zensur ebenfalls anstandslos in Stainz angekommen. Über unsere Heimkehr und unseren Aufenthalt in Csákberény habe ich in meinen Büchern schon viel mehr niedergeschrieben. Auch über unsere endgültige Flucht aus Ungarn, die illegalen Grenzübergänge nach Österreich und zurück. Feris Mut und Abenteuerlust waren grenzenlos.

Weihnachten verbrachte die Familie Anfang der Fünfzigerjahre meist in Schwarzenraben in Westfalen, wo die jüngste Schwester meiner Mutter als Freifrau von Ketteler die Hausfrau war. Hier erreichte mich eine Einladung der Prinzessin Liliane de Réthy, wie schon früher erwähnt, zur einwöchigen Hofjagd. Feri war mit König Baudouin befreundet, mit der Prinzessin waren wir „per Du“. Die Einladung nach Belgien hin und zurück in der I. Klasse (Luxus-Schlafwagen) war für mich ein Erlebnis, das ich nie vergessen werde. Denn: Wer bitte war ich schon damals, dass mich die Prinzessin in den Kreis ihrer Freunde aufnahm?

Von Feri habe ich in diesem Kapitel eher ungeordnet geschrieben, dabei aber versucht, sehr präzise und wahr zu schreiben, da mir im Gedenken an ihn viele Gedanken ganz einfach zufließen. Sie sollen nicht in Vergessenheit geraten.

Ich jage noch immer

Schon lange war ich der älteste jagende Meran, seit dem Tod meines Bruders Feri bin ich überhaupt der Älteste, der den Namen Meran trägt. Da ich schon 88 Jahre alt bin, ist der größte Teil meiner Altersgenossen bereits gestorben. Der 1926er-Jahrgang in der Cousinage hält sich zwar gut, doch führt außer mir niemand den Namen Meran. Ein wahres Phänomen sind die Mayr-Melnhofs dieser Generation. Die Kinder von Onkel Fritz und Tante Marianne leben alle noch, sind jedoch alle verwitwet. Manni, Laja, Gritti und Fritz sind über 90 Jahre. Thesi, 88 Jahre, Gabrielle, Elisabeth, Huberta, Johanna sind jünger und wie schon gesagt, alle verwitwet. Ich glaube, nur drei der Verstorbenen Ehemänner waren keine Jäger.

Ich selbst werde noch immer auf Jagden eingeladen, was mich rührt und freut. In den Zeiten, in denen es keine Einladungen gibt, fahre ich nach Ungarn, allerdings zum Großteil als zahlender Jäger. Über viele meiner Jagden habe ich in meinen Büchern berichtet. Ich hatte ein wirklich schönes jagdliches Leben, besonders was die großen Niederwildjagden betrifft.

Mein erster Jagdherr war Herr Purkarthofer, der mich auf seine Jagd am Schemmerl (bei Sankt Marein bei Graz) einlud. Das war 1949. Ich wollte ihn bitten, auch meinen Vater einzuladen, daraus wurde aber nichts. Vater starb plötzlich 1950 mit 55 Jahren. Herr Purkarthofer verunglückte schon im Dezember 1949 tödlich mit seinem Jeep.

In der ersten Hälfte meines Lebens wurden die Jagdgäste fast ausschließlich wegen ihrer Schießkunst eingeladen. Später dann wollte man meist keine guten Schützen, denn man jagte, im Gegensatz zu früher, öfters im Jahr, was früher verpönt war. Mir passierte es damals manchmal sogar, dass ich auf Superjagden eingeladen wurde, ohne die Jagd- und Hausherren zu kennen, nur wegen meines Rufes als guter Schütze. Denn, wenn man, wie erwähnt, nur ein Mal im Jahr eine große Jagd abhält, musste man erstklassige Schützen haben. Die diesbezügliche Mundpropaganda war groß und für mich und meinesgleichen mehr als erfreulich. Heutzutage sagen einige Jagdherren: „Ich will keine Meisterschützen, denn die rotten mir mein Wild aus." Aber das war bereits zu einer Zeit, wo ich eine gewisse Sättigung verspürte, war ich doch vorher bei fast allen guten Niederwildjagden jahrelang eingeladen gewesen.

Vor 1955 war es für die Wiener und Niederösterreicher schwierig, auf gute Jagden zu kommen. In den besten Revieren jagten die Russen. So hatten wir es in der Steiermark gut. Brunnsee, Lieboch, Finkenegg, Freybühel, Weissenegg, Werndorf, Feldkirchen, Zwaring, Dobl, das Kainach- und das Murtal waren voll von Fasanen und damals auch von Hasen und Rebhühnern. Später kamen die Einladungen in die südlich von Wien gelegenen Top-Reviere wie Ebreichsdorf, Tattendorf, Oberwaltersdorf, Trumau und die damals beste Jagd auf Fasanen: Seefeld Groß-Kadolz. In Seefeld eingeladen zu werden, war eine große Ehre. Ich habe etliche Tage erlebt, an denen über 1.000 Stück fielen, einmal 1.400 Stück, wohlgemerkt wilde Fasane. Auch Zurndorf habe ich dank der Einladungen meines Freundes Rudolf Hösch relativ früh besucht, zusammen mit Nickelsdorf die vielleicht beste Jagd des Burgenlandes. Die besten Rebhuhnjagden erlebte ich im Burgenland, vor allem im Revier Eisenstadt, wohin mich mein Kollege Niki Reinprecht einlud. Ein Mal haben wir zwischen zehn Uhr und 15 Uhr zu zweit 130 Hühner geschossen. Weil ich vom Burgenland spreche, kann und darf ich den berühmten Seewinkel nicht vergessen. Hier war ich öfters, vor allem in St. Andrä, Andau, Wallern und am berühmten Paulhof. Man jagte zu dritt oder höchstens zu viert auf Gänse bei Karl Ratzenböck. Wesentlich früher, im Dezember 1963, war ich alleiniger Schütze in St. Andrä, das damals die Brüder Ambrosch gepachtet hatten. Hier schoss ich mit meiner alten Springer meinen eigenen, aber wahrscheinlich auch den österreichischen Rekord an Gänsen. Als die Patronenzahl auf null sank, hörten wir auf. Mein Begleiter war der legendäre Gänsespezialist Mathias Luntzer. Gleich nach Streckenlegung sagte er mir, dass er von einer so großen Strecke noch nie gehört hat und gratulierte mir zu meinen 28 Dubletten. Rückblickend sage ich aber, dass das Schießen auf diese im Schneesturm einfallenden Gänse nicht besonders schwer war, man musste nur kaltblütig bleiben und sie nahe heranstreichen lassen. Als Förster Eder etwa um zehn Uhr vorbeikam, fragte er, wie viele schon lagen. Luntzer sagte ihm, dass es über 70 Stück wären. Wir blieben aber noch zwei Stunden und der Himmel war weiterhin dunkel von den vielen Gänsen. Mathias Luntzer hat sie im Seewinkel damals auf 15.000 geschätzt.

Einige Zeit später bekam ich von meinem guten Freund Dietz Angerer einen Brief. Darin schrieb er mir, dass er etwa seit 35 Jahren auf den Gänse-Einfall gehe, solche Mengen aber noch nie erlebt hat. „Du hast“, schrieb er, „eine Rekordstrecke gemacht. Du wirst eine solche in Deinem Leben nie mehr erzielen.“ Motz Luntzer, der Begleiter und Zuschauer erzählte das Erlebte überall. Nachsatz: „Aber treffen muss man die Gansln auch!" Wenn ich abends nicht einschlafen kann, sehe ich die Gänse heute noch, höre ihr ohrenbetäubendes Geschrei, sehe sie einfallen. Wir waren auf einem Maisstoppelfeld. Die beiden Jäger hatten noch im Dunkeln einen Schirm aus Kukuruzstroh gemacht, ich hatte einen großen Strohhaufen zusammengebunden, darauf saß ich. Damals hatte ich nur zwei Schrotgewehre, das alte „Springer" und als Reserve mein von Angerer gekauftes „Sauer und Sohn". Es lag die ganze Zeit im Futteral, ich schoss mit der Springer und bei der wusste ich, dass sie nie kaputtgehen würde. Doch möglich ist so etwas immer, man kann nie wissen. Ich habe mich mit diesem Gänsestrich länger aufgehalten, weil ich das in den früheren Büchern nicht getan habe. Es folgen nun weitere jagdliche Kurzgeschichten.

Die beiden Luntzer-Brüder hatten mich – da ich im Burgenland weilte – auf den Gänsestrich eingeladen. Da wusste Mathias Luntzer die Plätze genau, wo einige Gänsescharen in noch erreichbarer Schusshöhe durchziehen würden. Im selben Jahr, 1963, wurde ich in Brünn bei der Europameisterschaft im Wurftaubenschießen in der Mannschaft Österreich II Vierter und gewann einen Hornet-Repetierer aus der Brünner Gewehrfabrik. Der Strich ist etwas ganz anderes als der Einfall. Beim Strich zogen die Gänse vom See, den Lacken und Teichen auf die relativ sicheren ungarischen Kolchosefelder, um Weizen oder ganz jungen Raps zu äsen. Zuerst kamen aber die Enten. Diese flogen von den Feldern in die Gewässer, wie die Lange Lacke oder den Zicksee. Sie kamen wesentlich früher als die Gänse und sehr hoch und schnell. Als die ersten Enten kamen, sah ich, dass sie außerhalb der Schrotschuss-Distanz flogen und griff nach der Hornet, die ich eigentlich nur mitgenommen hatte, um eventuell geflügelte Gänse totzuschießen. Es hatte ein Zielfernrohr. Bald kam das zweite Schoof. Ich legte an und schoss. Hoch über mir klappte eine Ente ihre Schwingen zusammen und kam mausetot herunter. Die weibliche Ente hatte den Schuss mitten auf der Brust. Ich war selbst so erstaunt, dass ich die Bravorufe der Jagdfreunde gar nicht hörte. Und da beging ich einen Fehler. Statt das Gewehr wegzustellen, schoss ich noch etliche Male hinauf, natürlich ohne nochmals zu treffen. Es war also ein Zufallstreffer.

Unvergesslich in meinem Jägerleben bleibt mir der Parktrieb von Schloss Wasserburg als letzter Trieb der Fasanenjagd von meinem Freund Chappie Seilern. Hier flogen die Fasanen herrlich hoch und die Stände waren nicht allzu nahe beieinander. Wie dem auch sei, ich schoss hier mit sechs Schuss fünf turmhohe Kopffasanen und, weil meine Springer dazu das geeignete Gewehr war, mausetot vor mich. Sogar der große Meister László Szápáry fragte mich damals: „Sag, wie machst du das, dass deine Vögel so spektakulär fallen?" Ich zeigte nur wortlos auf die Springerflinte. Auch er hatte zwei Springerflinten gehabt, doch beide schon in einer Zeit verkauft, als die Preise dafür noch relativ niedrig waren. Mit der einen davon schoss er im Regen, die Pelerine am Rücken, 100 von 100 Wurftauben bei der Konkurrenz am Alpl. Sicher sind Patrone und Flinte sehr wichtig, doch letztendlich ist der Schütze am Drücker. Mir hat man für meine Springer 250.000 Schilling angeboten. Ich verschwieg natürlich, dass ich sie 1950 um 3.000 Schilling gekauft hatte – und verkaufte natürlich nicht.

Hier möchte ich erwähnen, dass mich übergroße Strecken nie so interessierten wie das gute Schießen. Mit einem Wort: Qualität geht bei mir über die Quantität. Dabei entzückt mich auch das Zuschauen bei einem wirklich großen Meister. Mit der Kugel auf fliegendes Wild war Albrecht von Bayern der beste mir bekannte Schütze (drei Krähen mit drei Schuss mit einer Walther). Gleich nach ihm kommt aber Josef Stubenberg, der ältere Bruder von Erni. Er sagte mir in Székelyhid, dass er über 200 fliegende Vögel mit der Kugel geschossen habe. Er sagte: „Zielen, Entfernung richtig schätzen und wieder zielen!" Hier gibt es keine Schnappschüsse. Er hatte das linke Auge beim Zielen immer zu. Mit Schrot schoss er gut, aber etwas langsam, Erni war besser.

Einmalig waren die Jagden am Weißen Teich im Nildelta. Unvergessen bleibt nicht allein die Strecke, sondern, dass nach dem ersten Schuss der Himmel sich wahrhaftig verdunkelt hat. So viele Enten habe ich von einer Stelle aus weder vorher noch nachher jemals gesehen und es war nur eine Stockente dabei.

Dann die Protokolljagd – ebenfalls in Ägypten – auf Bekassinen. Damals waren aber in Kairo nur mittelgute Patronen mit Schroten von drei Millimetern zu bekommen. Jeder, der auf getriebene Bekassinen je gejagt hat, weiß, zuerst kommen sie in rasendem Tempo, wenn sie nicht getroffen sind, schrauben sie sich in die Höhe, bis man sie nicht mehr sieht, dann nach einer Weile kommen sie zurück. Zuerst turmhoch, dann lassen sie sich fallen. Mir sind einige Schüsse mit den für Bekassinen viel zu groben Schroten gelungen, sowohl beim Hoch-Überfliegen als auch beim „Fallenlassen". Daran kann ich mich erinnern.

Vom Niederwild habe ich weitaus am meisten Fasanen geschossen. Ein einziges Mal über 300 an einem Tag in Ungarn, wobei ich schon beim ersten Trieb 90 erlegen konnte.

In Erinnerung bleibt der Teichtrieb in Zaingrub. Meine Cousine und Altersgenossin Thesi Hoyos-Mayr-Melnhof war dort immer meine Begleiterin am Stand. 1978 schoss ich hier am Hauptstand 46 wilde Fasanhahnen und zwei Hasen. Die etwa 300 vorgekommenen Hennen blieben unbeschossen.

Ein solcher oder auch nur annähernd ähnlicher Tag hat sich nie mehr wiederholt.

In Brunnsee wurde man im Dezember für zehn Uhr geladen. Stammgäste waren Erni Stubenberg, Zsiga Batthyány senior, Michel Trauttmansdorff und ich. Wir waren insgesamt acht Schützen. Um Punkt elf Uhr lud uns der Jagdherr Ludovico Lucchesi-Pally ein, auf die Stände zu gehen. Es waren vier Triebe angesetzt und nur Hahnen frei. Wir schossen 600 Hahnen und zwei Füchse. Um 14 Uhr 30 war die Jagd zu Ende. In drei Stunden 600 wilde Fasanenhahnen von acht Schützen erlegt! Das schien mir damals kollektiver Rekord zu sein.

Da der Titel des Kapitels es irgendwie verlangt, will ich nun aber von Erlebnissen im Alter erzählen. Am 19. November 2006, kurz vor meinem 80. Geburtstag, erlegte ich in Gasselsdorf den letzten „Purzelschnepfen". Er stürzte sich von einem hohen Berg ins Tal, so ähnlich, wie wenn ein Falke sich auf die ferne Beute fallen lässt.

Nach vorne geht nichts, dunkler Wald, keine Aussicht. Ich weiß, dass die Schnepfen sich nach dem Purzeln etwa vier Meter über dem Boden „erfangen". Man kann nur vorher schießen, also bevor die Schnepfen über dem Boden den normalen Flug aufnehmen. Im Augenblick, in dem ich ihn erblicke, halte ich etwa sieben Meter darunter und das weitere ist: hoffen. Normalerweise kommt man zu spät oder man schießt zu weit. Dann müsste man aber den Schnepf erblicken, wenn er über die Sulm weiterfliegt. Ich sehe aber nichts! Habe ich ihn doch getroffen? Arnolf Schelch und Dr. Fritz Krainer kommen. Ich nehme die Taschenlampe und – mein Herz macht einen Sprung – ich sehe im Licht den Vogel mit dem langen Gesicht mit ausgebreiteten Schwingen tot am Acker liegen. Auf jeden Fall das schönste Geburtstagsgeschenk. Ich habe mit 80 Jahren einen Purzelschnepf erlegt.

Ein Jahr darauf, am 11. November 2007, Fasanenjagd in Orlik, Böhmen. Das Wetter ist miserabel und jetzt kommt zum Schneeregen auch noch ein Sturm. Viele wollen aufgeben. Der Jagdherr, Aki Schwarzenberg, sagt: „Ich frage den Ältesten und was der sagt, das wird gemacht." Schon lange bin ich gewöhnt, der Älteste zu sein. Meine Antwort ist: „Weitermachen." Dabei haben einige schon von einem warmen Bad geträumt. Wir kommen zum allerbesten Trieb, dem Schlossgraben. Ich bekomme den besten Platz, weil ich dafür war. Noch während wir die Stände besetzen, hört der Wind auf, der Regen ebenso und sogar die Sonne zeigt sich. Ich sage die Wahrheit, wenn ich behaupte, dass ich seit langer Zeit wieder wirklich erstklassig geschossen habe. Franzi, mein Neffe, behauptete sogar, dass ich nichts gefehlt habe. Fakt bleibt: Ich habe in diesem Trieb mit einem Schussverhältnis von 1,5 54 Fasanen erlegt. Wahrscheinlich ist mir dieses zum letzten Mal in meinem Leben gelungen.

Dabei hatte ich damals, knapp vor einer Staroperation mit Brille geschossen. Was wäre gewesen, wenn der Regen nicht plötzlich aufgehört hätte?

Bei meiner letzten Jagd in der Antheringer Au ist Oberförster Huber vom Untersberg mein Lader. Ich bitte ihn, den mir von Vetter Fritz spendierten Drehstuhl mitzunehmen, dafür schieße ich mit nur einer Waffe. In den zwei ersten Trieben nach dem Essen schieße ich sitzend bei 19 Schuss 17 Enten. Zuerst sechs mit sechs Schuss mit einer Dublette und dann elf mit 13 Schuss mit zwei Dubletten.

Doch kehren wir zeitlich wieder etwas weiter zurück. Meinen letzten Csákberényer Rehbock, damals meinen zweitbesten, schoss ich in der Cseresnyésbörcz am 8. September 1944. Kein Mensch wusste damals, dass unser Wald schon voller Partisanen war.

Meinen ersten Kapitalbock schoss ich am 7. August 1943 in (heute zu Rumänien gehörend) Székelyhid. Nur er, der die damalige Bronzemedaille gewann, war besser als der letzte Csákberényer Bock. Ich habe auch noch einen Hirsch, mit etwa sechs Kilogramm Geweihgewicht, am letzten Jagdtag 1943 in der Jundöglővölgy beim Riegeln geschossen. Seit Jahren war der einzige Riegler auf Hirsche am letzten Jagdtag des Jahres, am 15. Oktober, abgehalten worden. Ich war immer nur interessierter Zuschauer und durfte erst 1944 auf Hirsche jagen. Die Schule begann kriegsbedingt erst am nächsten Tag.

Im Jahr 1946 schoss ich einen letzten Hasen in der Somosvölgy. Der Trieb gehörte zum Jagdtag Csókaberg, die Pächter luden mich ein. Darüber schrieb ich im Nimród meinen ersten längeren Artikel.

Es folgten die Jahre 1947 und 1948, als Feri und ich noch in Ungarn waren. Dank des Försters Ernst Zechner (Kosd) und des Revierjägers Mihály Satzger konnte ich sowohl im Börzsönygebirge als auch in Csákberény auf den Schnepfenstrich gehen und buschieren. Beide Jagdfreunde riskierten, ihre Stellung oder ihre Freiheit zu verlieren, da ich keinen Waffenschein hatte.

Wenn Sie mich fragen, welche meiner Jagderfolge mir am liebsten sind, so sage ich:

1. Mein Lebenshirsch in Zalaigrice im Jahre 1988
2. Meine große Entenstrecke im Nildelta 1966
3. Die vier Füchse auf einem Stand im Jahre 1999
4. Die fünf Schnepfen an einem Abend im Jahr 1972 am Abendstrich auf der Rosalia. (Dazu muss ich sagen, ich habe das auf einem Frühstrich in den Achtzigerjahren wiederholt, diesmal in einem anderen Revier. Sechs Schnepfen schoss ich 1942 an einem Tag noch in Csákberény – beim

Klopfen und Buschieren – fünf Mal fünf im Herbst, jedoch aufgeteilt auf Klopfen und Strich. Ich schoss also insgesamt ein Mal sechs und sieben Mal fünf Schnepfen an einem Tag.)
5. Der kapitale Rehbock am Ruf im Revier Horn am 2. August 2004 mit Förster Gruber.

Zu dieser Zeit sind das meine Strecken, an die ich mich am meisten erinnere. Mein Leben war voller Jagdfreuden. Ein langes Jägerleben, das bisher 80 Jahre dauerte. Ich war – so sagen es die anderen – ein guter Schütze. Bis heute ist der Abbau der Körperfunktionen noch nicht so weit fortgeschritten, sodass ich noch immer eingeladen werde und mit großer Freude jage. Meine beste Zeit aber war zwischen dem 50. und 60. Lebensjahr.

Ich danke Gott dafür, dass er mir ein so schönes Leben gab.

So vieles ist anders geworden in meinem Leben

Mein über alles geliebter Vater hat schon die gemeinen und großen Veränderungen erlebt und von der „guten alten Zeit“, die in mancher Hinsicht wirklich gut war, nur wenig mitgemacht. Sein Vater, mein Großvater, hatte zwar auch zwei Kriege erlebt, den Ersten und den Zweiten Weltkrieg, im Feld war er aber nur im Ersten Weltkrieg. Vater hat, im Gegensatz zu seinen Brüdern Franzi und Hansi den Ersten Weltkrieg nicht mitgemacht, weil er Knochentuberkulose hatte, im Zweiten Weltkrieg war er ein sogenannter „weißer Jahrgang“ und hätte überdies als Betriebsleiter in Horthys ungarischem Königreich nicht einberufen werden können. Auch die Besitzer von Bauernhöfen wurden nicht einberufen. Vom Vater erfuhr ich und in den Zeitungen und zahlreichen Büchern las ich, dass der Erste Weltkrieg weit mehr Veränderungen verursachte als der Zweite Weltkrieg. Nur ein Beispiel: Von der Großmacht Österreich mit rund 50 Millionen Einwohnern blieb ein kleiner Rest von sechs Millionen. Ungarn, das 1.000 Jahre hindurch das ganze Karpatenbecken – trotz Mongolensturm und Türkenbesetzung – beherrschte, verlor mehr als zwei Drittel seines Territoriums. Dafür zeichnen die sogenannten Sieger Frankreich, Italien, Amerika und England mit ihren Chefs Clémenceau, Orlando, Wilson und Lloyd George verantwortlich.

Die Änderung fing mit dem Ende des Ersten Weltkrieges an und dauert, immer schneller werdend, bis heute an. Kleine Kostproben gefällig? Ein Brief im alten Österreich in der Früh in Österreich aufgegeben, kam am Abend in Budapest, Prag oder Agram in die Hände des Adressaten. Der alte Kaiser fuhr täglich in der Kalesche mit offenem Dach von Schönbrunn nach Wien und umgekehrt, begleitet nur vom Kutscher und vom Flügeladjutanten. Auch der – sogar vorgewarnte – Erzherzog Thronfolger Franz Ferdinand fuhr in einem offenen Kabriolett sogar dann ohne jeden Schutz, als bereits ein erstes Attentat auf ihn verübt worden war. Dabei war Sarajevo voller K.-u.-K.-Militär, weil ja Manöver stattfanden. Bitte vergleichen Sie das mit heute, dem fortschrittlichen und auch friedlichen Westen. Gepanzerte Limousinen, Schutzeskorte für Staatsmänner vor, neben und hinter dem

Fahrzeug, manchmal auch im Fahrzeug. Dabei werden ganze Stadtteile völlig abgesperrt und trotzdem gelingen Attentate, wie auf König Alexander 1934 in Marseille, auf den Papst und auf die Präsidenten Kennedy und Reagan. Was muss das für eine uns heute ganz fremd gewordene vertrauensselige Atmosphäre gewesen sein! Könige und Fürsten wurden als Väter des Volkes angesehen und meistens wirklich geliebt. Nur heute, im Zeitalter der langsam zugrunde gehenden Demokratie sprechen manche Journalisten von Diktatur und Willkür, Personenkult und Ähnlichem. Stalin fuhr auf völlig menschenleeren Straßen und wechselte das Auto bei jedem Anlass, was die Reihenfolge anbelangte. Auch die jeweilige Datscha wurde den Fahrern erst während der Fahrt angesagt. Und das in einem (Geheim-) Polizeistaat mit über 500 Gulag-Lagern und wo auf allen 50 Metern ein Polizist mit seiner Kalaschnikow stand. Auf Reagan, dem vielleicht besten US-Präsidenten, wurde trotz auffallend großer Eskorte ein Attentat verübt, wobei er einen Schuss in die Brust abbekam. Kennedy durchbrach das Gesetz zum Schutze des Präsidenten, das seit Lincoln bestand, und fuhr, für seine mediengemachte Popularität überraschend, im offenen Auto. Er wurde durch Attentäter in den Kopf geschossen, später auch sein Bruder, der für die Präsidentschaft kandidierte. Heute, wo es Autobomben mit Selbstmord-Attentätern gibt, wo vieles im Namen des Propheten geschieht, ist eigentlich kein Politiker auf der Welt sicher. Denken wir an Bernadotte, Indira Gandhi, Anwar Sadat und andere. Im angeblich autoritären Regime von Horthy in Ungarn fuhren mit ihm nur zwei Gendarmen im Sonderzug mit. Wenn es auf die Jagd ging, schickte er sie aber weg. Unter den Habsburgern konnte man offen oder getarnt als Dichter und Schriftsteller gegen König und Kaiser sein, die Herren Autoren mussten sich höchstens vor dem Zorn der Massen fürchten, aber kaum vor der Polizei. Das war das Ergebnis einer jahrzehntelangen, im Vergleich zu anderen Ländern milden, Autorität in einem ein wenig schlampigen Regime unter den Kaisern. Und immer wieder der Vergleich mit dem Attentat von Sarajewo. Die Autos waren damals noch sehr langsam und die Straßen waren völlig ungeschützt und voller neugierigem Publikum, unter das sich die Attentäter zwanglos mischten. Der Mörder Gavrilo Prinčip schoss auf etwa drei Meter völlig frei auf das stehende Auto. Es war typisch für die letzten Jahre der Kaiser-Franz-Joseph'schen-Zeit, dass im Jahr 1914 ein Auto vom Grafen Harrach ausgeliehen werden musste, denn Kaiser Franz Joseph hielt nichts von Autos. Gepanzerte Staatslimousinen, wie sie heutzutage fast jeder Staatspräsident hat, gab es im Fuhrpark der Burg nicht und im Belvedere schon gar nicht.

Auch die Sprache der Menschen hat sich sehr zum Schlechten geändert. Früher sprachen kleine Beamte und alle Bürgerlichen ein schönes Schrift-

Das Ehepaar Philipp und Marianne Meran nach zweieinhalbmonatiger Russenbesetzung unmittelbar nach Befreiung durch die Engländer am 28. Juli 1945. Durch ihre und des Autors Anwesenheit wurde der sehr exponierte Brandhof gerettet.

Bruder Max Meran, 1942, auf der Schnepfen-Klopfjagd im Fuchsenlöcherboden, Revier Gánt

Die ganze Familie, noch zu Hause in Csákberény im Sommer 1943; von links: Philipp, Anna, Lori, Christl, die Eltern Marianne und Philipp sen., Maximilian, Franz (Feri)

Philipp Meran jun. und sein Vater auf Schnepfenjagd im Revier Gánt

Vater Philipp Meran mit zweitbestem Hirsch (li), 1943

deutsch, das sogenannte „Prager Deutsch". Heute sprechen sogar gefeierte Stars, wenn sie privat sind, ordinären Stadtdialekt. Und das wird durch Radio und Fernsehen durch manche Dialektsänger noch propagiert und die singen den Wiener Dialekt („leiwand"), von missgünstigen Zeitgenossen „Proletendeutsch" genannt.

Es wird alles Hässliche systematisch hochgejubelt, zum Beispiel die Comic-Fernsehsendung „Die Simpsons". Hauptsächlich wird nur das Schlechte in den Medien, inklusive des Fernsehens, verbreitet. Der Vergleich lässt sich bei den alten Filmen leicht ziehen. Doch diese werden vormittags und in der Nacht gesendet. Welch riesiger Unterschied zu den heutigen Verhältnissen. Fernsehen sollte doch dem arbeitenden Menschen Entspannung bieten und Unterhaltung, doch zu den besten Sendezeiten, wenn auch die unschuldigen Kinder zuschauen, präsentiert man Ideologie, im Hauptprogramm täglich Mördergeschichten, die diskret „Krimi" genannt werden. Als ob wir das Böse nicht zur Genüge in den Nachrichten sehen und lesen könnten.

Mit fällt immer die unmittelbare Nachkriegszeit ein. Damals wurden die Zeitungen nicht vom Staat subventioniert und „gingen trotzdem ab wie die warmen Semmeln". Denn sie brachten nach dem schrecklichen Völkermorden lange Zeit nur gute Nachrichten. Zum Beispiel diese oder jene Lebensmittelkarte wurde abgeschafft, dieses oder jenes Gebäude wurde wieder aufgebaut, das und jenes ist wieder zu haben. Heute genügen die einfachen Nachrichtensendungen, um die Menschen zu verschrecken. Nahost mit Syrien, Irak mit der Isis, Tschetschenien, die Invasion der Krim und des östlichen Teils der Ukraine. Tote Zivilisten, deren Zahl in die Hunderttausende geht. Wäre es da nicht angebracht, als Ausgleich harmlose Unterhaltungsfilme zu bringen? Ich sage bewusst nicht Heimatfilme, denn auch in diese ist der Wurm der Ideologie schon lange eingedrungen. Österreich wird ständig als eines der reichsten Länder der Welt bezeichnet. Ist ein Land reich, das über 200 Milliarden Euro Staatsschulden hat oder leben wir alle auf Pump?

Doch zurück zum ursprünglichen Thema. Die Unterschiede zu früher – nicht selten auch im Guten – doch in der Mehrheit im Schlechten.

Nehmen wir uns einmal die Kinder und ihre heutige Erziehung vor. Als ich noch ein Kind war, durften wir vor dem Essen nicht naschen. „Pas avant les repas!", hieß das damals. Heute essen viele Kinder vor der Mahlzeit und die mit viel Mühe bereitete Mahlzeit findet satte Kinder vor und vieles bleibt übrig. Wir durften beim Essen nur reden, wenn wir gefragt wurden. Heute unterbrechen die Erwachsenen ihr Gespräch, wenn die Kinder zu reden beginnen. Auch wir langweilten uns über die Gespräche der Alten, doch wir mussten bis zum Ende ausharren. Die heutigen Kinder (nicht alle) stehen auf und gehen weg von der Mittags- oder Abendtafel. Die Kinderzimmer sind voll mit sündteurem Spielzeug, doch das Kind liebt seinen abgegriffenen Teddybär und schaut die modernen Spielzeuge kaum an. Das Fernsehen wird in manchen Familien dazu verwendet, die Kinder „ruhigzustellen". Das wissen die Fernsehleute sehr wohl und bringen am Nachmittag schon Filme, die Kinder nie und nimmer sehen dürften. Der Fußball und die „Formel 1" sind sicher harmlos, doch nehmen sie Kindern die Zeit, sich auf die Schule vorzubereiten, ihre Aufgaben gewissenhaft zu erfüllen. Gewiss, wir hatten es leichter, einesteils, weil in meiner Jugend kein Fernsehen existierte, andererseits weil ein extra angestellter Lehrer unsere schulische Vorbereitung überwachte.

Vom Pensionat versuche ich das wenige Gute herauszusuchen. Man lernte die Pünktlichkeit fürs Leben und den Respekt vor Erwachsenen. Heute gibt es so schreckliche Sachen, die Kinder betreffen, dass ich nur ein Schlagwort nenne: Kinderporno. Das Schrecklichste und Böseste, was man Kindern antun kann. Jesus selbst sagte: „Wer nur eines dieser kleinen verführt, die an mich glauben, es wäre besser, ihm würde ein Mühlstein an den Hals gebunden und er würde in die Tiefe des Meeres versenkt werden." Kinder sind der größte Schatz, den ein Volk haben kann. Ihre Erziehung sollte für Eltern Priorität haben. In staatlichen Kindergärten sind sie zwar gut betreut, lernen aber andererseits in ihrem lernfähigsten Alter schrecklich ordinäre Worte, die sie sich nicht selten das ganze Leben merken.

Mein vergleichender Rückblick wäre nicht komplett, würde ich die Veränderungen in unserer heiligen Kirche und die Wirkungen dieser Veränderungen nicht erwähnen. Das 2. Vatikanische Konzil hat Gutes gewollt und vieles wird trotzdem, mit Berufung auf ihn, falsch interpretiert. Meine ganz persönliche Meinung ist, dass die Abschaffung der lateinischen Sprache in der Liturgie einer der größten Fehler in diesem Zusammenhang war. Diese Sprache war eine Klammer, die das Christentum schon dadurch zusammenhielt, dass diese längst ausgestorbene Sprache überall verstanden wird und überall Gleichheit und Einheit garantiert. Kirchenfeindliche Elemente haben behauptet, dass sogar die Predigten lateinisch gehalten wurden, was Unsinn ist. Auch die Litaneien und sowohl Lesung wie Evangelium wurden schon immer in der Landessprache gehalten. Unsere einfachen Bauern in Csákberény fingen als Ministranten an und verstanden sehr wohl die lateinischen Texte, konnten auf die lateinischen Gebete des Priesters auch sehr wohl lateinisch antworten. Der lateinische Messritus ist ja sehr alt und hat sich im Volk überall bewährt. Dann der sogenannte Volksaltar. Der Geistliche steht mit dem Rücken zum Hochaltar und schaut auf das Volk.

Versus populum. Die Alten wussten sehr gut, warum sie gegen die heute in meinen Augen irrige Auffassung, sozusagen als Hirten, Anführer ihrer Schafe, immer erhöht gegen Gott blickten (Versus Deum). Das war alles durchdacht und hatte im Volk jahrhundertelang Anklang gefunden. Will man die Rolle des geweihten und gesalbten Priesters kleiner machen? Das Gleiche ist mit den Kanzeln. Oft gibt es sie ja noch, weil sie künstlerisch hohen Wert haben. Aber die Nichtbenützung bedeutet wieder einmal den Keim einer Nivellierung. „Der Priester soll nicht über dem gläubigen Volk stehen, er ist ja einer von ihnen." Das ist falsch. Der Priester ist durch das Sakrament der Priesterweihe mehr als das einfache Volk. Dazu kommt noch, dass die Abschaffung der Kanzeln im Praktischen ein Nonsens ist. Die Gläubigen wollen den Prediger sehen und alte Menschen hören ihn auch besser, wenn sie ihm auf den Mund schauen können. Da hätten wir von den Protestanten etwas Nützliches übernehmen sollen, denn die haben ihre Kanzeln sehr wohl beibehalten. Das viele Aufstehen ist für alte Menschen auch nicht günstig. Ich habe beobachtet, dass fast alle wild darauf sind, wildfremden Menschen die Hand zu schütteln, aber während der Wandlung sitzen bleiben und nach der heiligen Kommunion auch nicht knien. In dem schleichenden Grundsatz: „Ich will nicht dienen" (non serviam) ist auch enthalten, dass manche Leute vor einem bei der Wandlung stehen und dem hinter ihm knienden die Sicht auf die heilige Wandlung nehmen. Mehr möchte ich zu diesem Thema nicht sagen, höchstens, dass ich vor ein paar Monaten in einer Messe nach altem lateinischem Ritus war. Mir sind, was selten vorkommt, die Tränen gekommen. Da erfasste ich wirklich, was alles Schöne und Feierliche man uns weggenommen hat.

Ein ganz anderes Thema, das auch unter so vielem aufzeigt, was im Laufe der Jahre anders geworden ist: die Elektronik. Wehe uns, wenn einmal, nur für kurze Zeit, der Strom ausfällt. Ich habe es in Graz vor einigen Jahren erlebt. Ich war gerade einkaufen, was ich nicht besonders gerne mache. Plötzlich totaler Stromausfall. Ich war gerade dabei, auf meine Rechnung zu warten. Ich konnte nicht zahlen, weil die Damen gewohnt sind, alles elektronisch zu machen und eine Rechnung wie früher gar nicht schreiben können. Da ich es eilig hatte, legte ich das erforderliche Geld auf den Tisch und ging weg ohne Rechnung. Da man mich kennt, versprach man, mir die Rechnung aufzuheben. Zu Hause konnte ich nicht in meine Wohnung, weil das Tor elektronisch funktioniert. Ich dachte mir, wie arm sind die Menschen, wie zum Beispiel die Palästinenser, in Gegenden, wo jahrelang Krieg herrscht und die sehr oft ohne Strom auskommen müssen. Was machen die mit der Tiefkühltruhe, dem Eiskasten? Dieses Problem von jahrelang mit Krieg überzogenen Völkern hat man hier eigentlich nie bedacht. Früher hatten wir einen großen Eiskasten, der täglich mit Eis aus dem unterirdischen Eiskeller aufgefüllt wurde.

Wo die Elektronik neben vielen positiven Wirkungen von einem ganz großen, vor allem ökologischen Nutzen wäre, ist das Auto. Man hat das Elektroauto angeblich schon vor dem Krieg in Übersee erfunden, doch dort wachten die Ölmagnaten darüber, dass es nicht fabriziert wurde. Heute, wo die Macht der Ölmultis ständig im Wachsen ist, wird das Elektroauto viel wirksamer sabotiert, obgleich man angeblich schon Fahrzeuge entworfen hat, die mit einem Aufladen der Batterie bis zu 600 Kilometer fahren können.

Die von der EU angeordnete sogenannte Sparlampe ist nur sparsam, wenn man sie nie abschaltet und außerdem bei Bruch oder Explosion für den Menschen nicht ungefährlich. Immer wieder fallen mir dabei die armen Zivilisten in den vielen Krieg führenden Staaten ein und ich hoffe nur, dass sie bei der Zerstörung ihrer Häuser nicht die EU-Sparlampe haben.

Auch ein großer Unterschied zu früher, vor allem zum Ersten Weltkrieg, ist festzustellen. Heutzutage gibt es mehr, oft sogar viel mehr Tote unter den Zivilisten als unter den Soldaten. Dabei kann ich es nicht verschweigen, dass mit der Bombardierung von Wohnsiedlungen und ausschließlich unbewaffneter Zivilisten die viermotorigen Bomber der Engländer angefangen haben. Beim Jugoslawien-Auflösungs-Bürgerkrieg wurden Panzer und Raketen fast ausschließlich gegen die Häuser der Zivilisten eingesetzt und in diesem Krieg, den manche schon als Teil des Dritten Weltkrieges betrachten, starben etwa doppelt so viele Zivilisten wie Soldaten. Und wenn man die Dörfer gesehen hat, wurde auch kaum eine Kirche im Kampfgebiet verschont. Das gab es im Zweiten Weltkrieg nur ganz vereinzelt, denn sowohl die Deutschen als auch die Russen versuchten die Gotteshäuser zu verschonen, obgleich beide die Kirchentürme als Aussichtspunkte benützten. Auch die Selbstmordattentate und Autobomben sind etwas ganz Neues und sie bringen Tod und Verderben völlig unvorhersehbar, sehr oft dorthin, wo völlig unschuldige Menschen in größerer Menge vorhanden sind, zum Beispiel in U-Bahnen, auf Märkten und anderen Ansammlungen. Der Soldat des Ersten Weltkrieges wusste seine Familie zu Hause in Sicherheit. Ein Vergleich mit der heutigen Zeit, wo Passagierflugzeuge mit 300 Menschen abgeschossen werden oder einfach verschwinden, erübrigt sich. Die Erfindungen der Wissenschafter haben viel Gutes gebracht, aber noch mehr Schlechtes, zumindest solches, aus dem – auf fast allen Gebieten – Tod und Verderben entstehen kann.

Wenn Sie mir jetzt mit dem Segen des Mobiltelefons, des E-Mails und des SMS und von Facebook kommen, weise ich darauf hin, dass das auch Instrumente zum totalen Abhören der Menschen sind. Dazu gibt es wohl genug Beispiele, unter anderem das Abhören des Handys der deutschen Kanzlerin von einer Macht, die angeblich Deutschlands größter Verbündeter ist. Wie handeln erst die feindlichen Staaten, wenn die „Freunde" schon zu solchen Methoden der Treulosigkeit fähig sind. Und was, wie wir glaubten, schon lange verschwunden sei, weil wir ja Wohlstand und Reichtum auf Pump haben, das ist plötzlich aus dem Nichts wieder erschienen: Intoleranz aus religiösen Gründen und eine beispiellose Grausamkeit gegenüber Andersdenkenden bis hin zu einer großangelegten Christenverfolgung von Afrika über den Nahen Osten bis hin nach Ostasien. All diese Entwicklungen zeigen, dass die neue Zeit auch neue, früher unbekannte Gefahren gebracht hat.

Vergleiche mit der Vergangenheit sind problematisch, ich weiß es. Auch viel Gutes hat uns der Fortschritt gebracht. Das gesamte Problem des Vergleiches von „früher" und „jetzt" ist im Grunde so unendlich, dass ich hier nur einen kleinen Teil erwähnen konnte.

Zuletzt einige Vergleiche die Jagd, das Weidwerk, betreffend. In den kommunistischen Staaten jagten am Anfang die Wildschützen. Später dann, nach staatlicher Enteignung aller Wälder und wesentlicher Vergrößerungen der Reviere sowohl in den Wäldern als auch in der Ebene, konnte das Wild wieder das erforderliche Alter für einen Abschuss erreichen. Die Trophäen wurden viel häufiger stark wie zuvor. Ein Beispiel: Im vergrößerten Ungarn mit Nordsiebenbürgen und der Karpatoukraine fielen 1942 neun Hirsche mit über 200 Nadlerpunkten. Nach 40 Jahren kommunistischer Jagdordnung, die streng auf das Alter achtete, fielen 210 Hirsche mit über 200 Nadlerpunkten. Mir kann man wirklich keine kommunistische Gesinnung nachsagen, aber was wahr ist, ist wahr. Das kommunistische Regime hat sehr viel für die Jagd getan, vor allem weil es Fachleute arbeiten ließ, ohne Rücksicht auf deren Gesinnung und Parteizugehörigkeit. Diese wiederum haben viel vom deutschen Reichsjagdgesetz abgeschaut und gelernt und wenn Waldreviere 50.000 Hektar groß oder noch größer sind, da kann ein Teil des Rot- und Rehwildes wirklich alt werden. Für falsche Abschüsse bekommt man bei uns einen roten Punkt ohne Konsequenzen. In Ungarn führten sie zu einem Minus 1, Minus 2 und Minus 3. Bei Minus 2 wurde im nächsten Jahr der Abschuss gesperrt, bei Minus 3 gab es hohe Geldstrafen und für die Verantwortlichen den Verlust des Jagdscheines. Nach Sturz des Kommunismus in Ungarn wurde die Mindestgröße eines Reviers mit 3.000 Hektar (nicht wie bei uns 115 Hektar) festgesetzt. Aber durch die Privatisierung wurden die Jagdgenossenschaften, vor allem wegen des zu entrichtenden Wildschadens, zum Großteil verschuldet. Man versuchte es mit gigantischer Erhöhung der Eintrittsgebühren in eine Jagdgesellschaft. Immer mehr Jäger gaben daraufhin ihre Mitgliedschaft auf. Nun versuchte man es mit den Oligarchen vom In- und Ausland. Diese hatten nicht die notwendige Geduld, wollten schnell Erfolge sehen. Das Ende war, dass man aus Geldmangel anfing, noch nicht reife Geweihträger zu erlegen. Die Qualität der Reviere sank natürlich rapide und das Ende ist nicht abzusehen. Gleichzeitig wurden hierzulande längst ausgestorbene Raubtiere wie Wölfe, Bären und Luchse in Mitteleuropa angesiedelt. Dies hatte zwar interessanterweise einen positiven Einfluss auf die Qualität, dafür ging die Zahl des Wildes zurück. Von Südungarn kommend, verbreiteten sich die Goldschakale langsam nach Norden, ihre Beute waren die Rehe, weil sie als wolfartige Tiere oft in Gruppen jagten. Der Rückgang der Cerviden freute viele jagdlich nicht engagierte Forstmänner.

Mit der rapiden Zunahme des Schwarzwildes hatte aber niemand gerechnet. Rotten erschienen in Städten, besonders in Norddeutschland, und weil ihre Zahl wächst und wächst, sind sie in Österreich auf die Alpen gestiegen. In Brandhof gibt es auf der Afflenzer Staritzen beispielsweise bis in die Latschenregion Schwarzwild. Es gibt sogar Fotos, auf denen Gams und Sauen friedlich nebeneinander auf Nahrungssuche sind.

Während ab 1848 die Jagd endlich „demokratisiert" wurde und jeder unbescholtene Mann auch eine Waffe führen durfte, wurde die Jagd auf Schnepfen und Haselhühner intensiviert. Die heutige EU verbietet, direkt oder über Umwege, diese Jagd des kleinen Mannes, den wunderbaren Schnepfenstrich, obgleich nach Schnepfenforschern diese nicht gefährdet sind. Dafür werden aber die fast ausgestorbenen Rebhühner in einigen Bundesländern zum Abschuss freigegeben, was einem Todesurteil gleichkommt. Zum Vergleich: In Ungarn fielen vor dem Zweiten Weltkrieg über eine Million Rebhühner. Heute sind es circa 300 und das sind künstlich aufgezogene, damit sie verkauft werden können. Unser autochthones befiedertes Niederwild wird künstlich gezüchtet und die Leute, die das tun, merken nicht, dass sie auf diese Weise die letzten wilden Feldhühner, die uns Insektizide, Pestizide, unübersehbar große Maisschläge und nicht zuletzt die enorm zugenommenen Greifvögel noch übrig ließen, endgültig verschwinden lassen. Denn das in Volieren aufgezogene Rebhuhn ist gegen etliche Krankheiten immun, die für die wilden Tiere tödlich sind. So viel über Schnepfen und Rebhühner.

Ein weiteres Beispiel für Schongesetze ist die durch Jahrzehnte durchgeführte Vollschonung der Fischotter, die zusammen mit dem Fischreiher einen Todesstoß für unsere Teichwirte bedeuten, die vom Verkauf der Fische leben, weil Otter, Reiher und Kormorane ihnen höchstens die Hälfte ihrer

Bestände übrig lassen. So könnte man noch viel über die in meinen Augen begangenen Fehler in unserer heimischen Jagdgesetzgebung schreiben, aber dazu reicht dieser kleine Beitrag leider nicht aus.

Bevor ich abschließe, möchte ich noch in kurzen Schlagworten mir persönlich auffallende negative Änderungen, die mir während eines doch universal gesehen kurzen Lebens aufgefallen sind, anführen. Da ist die Werbung im Fernsehen trotz hoher Zwangsbeiträge. Hans Weigel, den ich dafür in mein Herz geschlossen habe, schrieb einmal, dass er nichts kaufen würde, was durch penetrante und Menschen verachtende Dauerwerbung angepriesen wird. Denn am Anfang des Fernsehens, als am Wochenende Werbung überhaupt verboten war, war sie noch witzig oder interessant. Die heutige Werbung, ohne die anscheinend niemand auskommen kann, setzt bei den Sehern den Verstand von Kleinkindern oder Volltrotteln voraus. In meiner Jugend, als ich mit Antatelle zum Rodeln ging, war auf einen Holzzaun mit weißer Farbe „Persil" geschrieben. Über 80 Jahre später wird „Persil" als neu angeboten. Man trägt dem Umstand Rechnung, dass Damen, so wie in der Mode, auch sonst immer das Neue wollen. Früher war das für mich richtigere Wort „altbewährt". Doch wo gab es Werbung? Ganz kurz in den Kinos, zwischen Wochenschau und Hauptfilm und sehr wenig in Zeitungen und Zeitschriften. Heute finanzieren sich gewisse Zeitschriften ausschließlich aus der Werbung und bieten dann das Printmedium als Gratiszeitung an (die oft besser sind als die verkauften).

Seit dem Zweiten Weltkrieg toben in der Welt überall Kriege, man braucht sich nur aus den Medien zu informieren. Ich erwähnte es schon, dass die vielen Panzer auf Zivilisten und Privathäuser schießen. Der Zivilist ist unbewaffnet, hat keine Schutzweste und keinen Stahlhelm. Es gibt kein Jahr, in dem keine Kriege stattfinden, wobei Diktaturen ohne Hemmung ihre eigenen Landsleute zu Hunderttausenden ermorden (zum Beispiel in Syrien). Der Vergleich zum Ersten Weltkrieg: Damals war die Bevölkerung zu Hause geschützt. In den Städten ebenso wie am Land. Den Zivilisten geschah nichts. Es gab nicht diese heute üblichen furchtbaren Explosionen und Feuersbrünste. Ich möchte gerne wissen, wie viel Zivilisten durch die Waffen der Amerikaner in unseren Tagen umkommen. Und zwar auf schreckliche Weise. Entweder durch Explosionen zerfetzt oder bei lebendigem Leib verbrannt. Im Irak haben die Amerikaner einen schrecklichen Krieg angefangen, da sie annahmen und behaupteten, Sadam Hussein hätte supergefährliche Geheimwaffen. Das stimmte, wie wir indessen wissen, nicht. Trotzdem wurden grausame Gefangenenlager (Guatanamo) angelegt, die zivilisierten Amerikaner folterten und die Presse verbreitete das genüsslich. Allein der Irak-Feldzug kostete viele Milliarden Dollar und jahrelang junge Menschenleben. Denn gegen Selbstmord-Attentäter ist jede Großmacht zu einer Gegenwehr unfähig.

Es wurde der erste schwarze Präsident in den USA gewählt: Barack Hussein Obama. Er hielt schöne Reden und bekam den Friedensnobelpreis, schon bevor er im Amt war.

Dann ist da Syrien. Als sich gegen den dortigen Diktator Assad das Volk erhob, wurde auf das eigene Volk geschossen. Heute gibt es dort 300.000 Tote. Ich schrieb Leserbriefe an Zeitungen, man möge doch das Vetorecht im Sicherheitsrat endlich, 70 Jahre nach dem Krieg, aufheben. Das Vetorecht der Sieger des Zweiten Weltkrieges. Russen, Amerikaner, Engländer ja, aber welchen Krieg haben Frankreich oder die Chinesen gewonnen? Das erste Mal, schrieb ich einen Leserbrief, als 80 Tote zu beklagen waren, das zweite Mal, als es 2.000 Tote waren, das dritte Mal bei 30.000 Toten. Immer waren es die Vetomächte Russland und China, die Assad vor einer UNO-Sanktion retteten. Ich begriff nicht, dass das Sieger-Vetorecht 70 Jahre nach dem Ende des Krieges ein Tabu ist. Wie naiv ist man doch, man „lebt" wirklich in einer anderen Zeit, die es schon lange nicht gibt. In einer Zeit, als zum Beispiel fast alle Politiker in der K.-u.-K.-Monarchie auf ihr Gehalt verzichteten. Heute werden politische Karrieren fast nur gestartet, um reich zu werden. Denn ein Politiker kriegt schon nach wenigen Jahren eine sehr fette Pension, die außerdem – wie könnte es anders sein – von denselben Politikern laufend erhöht wird. „Umverteilen", „Reichensteuer", das sind die Parolen der neuen (und alten) Linken. Die angeblich so Reichen sollen das vielfach versteuerte Geld noch einmal verteilen. Jene, die ihr Geld im steuerbegünstigten Ausland parken, die sind die Gescheiten. Die, die anständig zu Hause ihre halben Einkünfte dem Staat abliefern, sind die Dummen.

Ich will meine Leser nicht weiter mit all dem belästigen, was allein in meinem Leben anders geworden ist. Einige Kostproben sollen genügen. Eines ist aber sicher und das sagt ihnen ein erfahrener Mann: Unser Leben ist nicht schöner, sondern sehr wohl schlechter geworden. Die gute alte Zeit scheint wirklich besser gewesen zu sein, zumindest in vielen Belangen.

Wahrheit und Desinformation

Heute bin ich 88 Jahre alt, seit meinem zehnten Lebensjahr interessierter Zeitungsleser und politisch seit meiner Kindheit bestens informiert. Als Zeitzeuge, meine ich, durchaus geeignet. Aber bisher hat mich noch niemand über die von mir erlebte Vergangenheit befragt. Dafür werden wir Alten dauernd von Menschen jüngeren Alters über das von uns Erlebte belehrt, dessen Zeugen wir sind, einer Zeit, als vielleicht deren Eltern noch nicht geboren waren. Ich weiß, es ist keine Tugend alt zu sein, ich weiß auch, dass es viele ausgezeichnete junge Historiker gibt, aber es berührt einen eigenartig, wie falsch manche Aussagen sind, über die wir aber genau Bescheid wissen, weil wir damals eben schon gelebt haben. Die jungen „Forscher" aber wissen alles nur aus Büchern, Zeitungen und dem Fernsehen. Auf diese Weise steht heutzutage in Publikationen mehr Falsches, analog dazu weniger Wahres über das vorige Jahrhundert. Früher hörten die Jungen auf ihre Eltern und Großeltern, es gab ja noch die Großfamilie, heute nimmt die Jugend die Alten leider nur sehr selten ernst. Als ehemaliger begeisterter Museologe bin ich der Meinung, dass zu einer wahren Geschichtsschreibung das Anhören aller Zeitzeugen notwendig ist, nicht nur solcher, die den Berichtenden „in den Kram passen". Durch die erschreckende Veränderung der Sprache, sei es durch Anglizismen, sei es durch primitive, ja sogar ordinäre Wortwahl, verstehen sich die Generationen oft zu wenig. Ich hatte es insofern gut, da ich in meinen über 20 Büchern doch etwas zur Beschreibung der Vergangenheit, mit anderen Worten, zur wahren Geschichtsschreibung beitragen konnte. Was mich immer wieder stört, ist die Weitergabe von historischen Ereignissen, ohne deren Wahrheitsgehalt zu prüfen. Die Rache der Sieger endet oft in einfacher Geschichtsfälschung, später erhob man etliches zum Tabu und achtete sehr energisch auf die sogenannte „political correctness", die sich aber auch immer weiter verändert. Ich glaube, vom berühmten Journalisten William S. Slamm stammt die Aussage: „Wer mit dem Zeitgeist verheiratet ist, wird bald verwitwet sein." Das Abschreiben von anderen hat es immer schon gegeben, dabei ist es unwichtig, ob es eine Dissertation oder ein falsches historisches Signal ist. Unwahrheit, Unechtheit und das Fehlen an Individualität sind ein Zeichen für unsere Zeit.

Dabei denke ich nicht nur an die Zeit vom Zweiten Weltkrieg, seine Vorgeschichte und die Nachkriegszeit. Auch vieles, was über die alte Monarchie geschrieben wurde, entspricht meiner Meinung nach nicht den Tatsachen. Nehmen wir zum Beispiel Kronprinz Rudolf, Sohn von Franz Joseph und Elisabeth. In Ungarn ist er auch nach seinem Tod äußerst beliebt geblieben. Seine Denkmäler sind während der Kommunistenzeit nicht entfernt worden. Er sprach akzentfrei ungarisch und nannte Ungarn „unsere heiß geliebte Heimat". Hierzulande wird er als Säufer, Weiberheld und ähnlich Schlechtes dargestellt, dabei hat er sehr viel für Österreich getan. Er war erst 31 Jahre alt, als er unter mehr als umstrittenen Umständen ums Leben kam. Er hat sich nach seiner Militärausbildung der Ornithologie, Zoologie und Geschichtsschreibung gewidmet. Er organisierte vier ornithologische Kongresse und unternahm ebenso viele ornithologische Forschungsreisen. Dazwischen musste er seinen Vater immer wieder bei repräsentativen Aufgaben vertreten. Wann bitte hätte er – wie Skandalhistoriker behaupten – Zeit für seine Gelage gefunden? Mein Urgroßvater, der erste Meran, war einer seiner besten Freunde. Er starb zwei Jahre später als Rudolf. In der Familie sagte er immer, dass Rudolf ermordet wurde. Dasselbe sagte auch in aller Öffentlichkeit Kaiserin Zita. All die über ihn gedrehten Filme beruhen zum Großteil auf Unwahrheit und Böswilligkeit, zumindestens muss man darauf schließen.

Der Erzherzog-Thronfolger Franz Ferdinand wird auch seit Jahrzehnten negativ beurteilt. Dabei war dieser hochbegabte Habsburger der einzige, der Österreich als Großmacht erhalten hätte können. Er wollte den Dualismus, durch den nach dem sogenannten Ausgleich „Österreich-Ungarn" entstand, durch einen Trialismus ersetzen, bei dem Böhmen und Mähren sowie Ungarn als gleichrangige Partner anerkannt worden wären. Er war ein Meisterschütze internationalen Rufes und wurde als solcher auf die besten Jagden eingeladen. Am Anfang seiner Zeit als Thronfolger unternahm er auf dem Schiff „Kaiserin Elisabeth" eine Reise um die Welt. Wenige Leute wissen, dass ein großer Teil der Sammlungen des Naturhistorischen Museums durch ihn gesammelt wurde, und zwar immer im Einvernehmen mit dem besuchten Gastgeberland.

Nach dem Attentat von Sarajewo, wohin er zu den alljährlichen Manövern, trotz Warnungen, mit seiner Frau gereist ist, entschloss sich Kaiser Franz Joseph nach langem Grübeln eine Strafexpedition gegen Serbien anzuordnen. Weder das Attentat an sich noch diese Strafexpedition waren nach heutiger Sicht Schuld am Ausbruch des Ersten Weltkrieges. Es herrschte einfach zu lange Frieden. Man glaubt es kaum, aber die Völker und Staaten wollten damals den Krieg. Zu sagen, dass der greise Franz Joseph schuld am Ersten Weltkrieg sei, ist daher unrichtig.

Gehen wir einen Schritt weiter in die Zwischenkriegszeit, als in Ungarn der Reichsverweser Horthy von 1920 bis 1944 das Königreich Ungarn regierte. Oberflächliche Historiker nennen ihn einen Faschisten. Das Gegenteil stimmt. Im ungarischen Parlament gab es durchlaufend bis 1944 eine Sozialistische Partei. Von Horthys Beliebtheit im Volk konnte ich mich persönlich überzeugen. Man wollte ihn nach dem Krieg Tito ausliefern. Dies wurde sowohl von Stalin persönlich verhindert, weil er im Oktober 1944 mit der UdSSR Frieden schließen wollte und nach dem Scheitern von den Deutschen interniert wurde, als auch vom ungarischen Judentum, weil allein durch sein Eingreifen die Deportation der Budapester Juden verhindert wurde. Sein Domizil in Estoril soll dafür von reichen Juden finanziert worden sein. Im Rahmen eines CIC-Kongresses in Athen hatte ich die Gelegenheit, mit Hitlers ehemaligem Protokollchef Alexander Freiherr von Dörnberg, einem Hünen von über zwei Metern Größe, eingehend über Horthy zu sprechen. Er sagte mir, dass kein einziger Staatsgast Hitler ähnlich wütend angebrüllt hätte als Horthy in Klessheim im März 1944.

In jener oben erwähnten Zwischenkriegszeit, unmittelbar vor Ausbruch des Krieges 1938, konnte ich zwei Mal den damaligen Legaten des Papstes Pius XI., Kardinal Eugenio Pacelli, aus nächster Nähe sehen. Er liebte die Ungarn und die Ungarn liebten ihn. Das zweite Mal war er in Ungarn am 900. Todestag des heiligen Stefan 1938 in unserer Komitatshauptstadt Stuhlweissenburg. Im Jahr 1951 sah ich ihn dann schon als Papst Pius XII. im Petersdom, als er mit der Tiara am Kopf auf der Sedia Gestatoria hereingetragen wurde. Ich kann mich noch sehr gut an seine Stimme erinnern, denn er sprach die lateinische Sprache mit italienischem Akzent. Pacelli war meiner Meinung nach einer der größten Päpste des 20. Jahrhunderts. Vor Kurzem habe ich mit einem ungarischen Pfarrer darüber gesprochen, der auch diese meine Meinung teilte. Man hat seinen Nachfolger, Johannes XXIII., den Roncalli-Papst, im Jahre 2013 heilig gesprochen. Mein Gesprächspartner sagte mir: „Der große Pius, der den Kardinal Mindszenty ernannte, ist nicht einmal selig gesprochen worden. Nichts gegen eine Seligsprechung von Roncalli, aber heilig?“ Er erinnerte mich daran, dass Roncalli die „Apertura a sinistra“ unter Kardinal Cazzaroli eingeleitet hat mit einem Aggiornamento mit den atheistischen Staaten. Die Ungarn verstehen diese Heiligsprechung nicht, da Pius XII. und Kardinal Mindszenty nicht einmal selig gesprochen wurden. Mein Gesprächspartner fragte mich, ob das mit dem sehr umstrittenen Buch von Rolf Hochmuth („Der Stellvertreter“) in Zusammenhang steht, das ja von den wirklich einflussreichen jüdischen Kreisen nie akzeptiert wurde. Und auch hier: Einer schreibt etwas Falsches und der Großteil (der Medien) plappert es nach. Ich kann mich gut erinnern, dass 1938 ein kleiner schmächtiger Sekretär hinter dem großen Pius einhertrottete, Monsignore Giovanni Baptista Montini. Ihn hat Pius nie zum Kardinal ernannt, obgleich er Erzbischof von Mailand war, weil er Kontakte zu den Sozialisten unterhielt und den Papst nicht informierte. Seine Kardinalsernennung erfolgte durch Johannes XXIII.

Und jetzt einiges über die Nachkriegszeit. Wir hatten Gott sei Dank Ungarn schon verlassen, als die Kommunisten die Deportation der ehemaligen Oberschicht anbefahlen. Das waren Grundbesitzer, Großkaufleute, hohe Offiziere, soweit sie nicht schon in den Gefängnissen der ÁVO schmachteten. Sie wurden mit nur einem Koffer oder Rucksack nach Ostungarn zu Bauern gebracht, wo sie manuell arbeiten sollten. Dabei sparte man auch 90-jährige Frauen nicht aus, wie etwa die Mutter von Moritz Esterházy, Tante Fanni, geborene Schwarzenberg, die dann in der Deportation starb. Man wollte den Hass der Bauern gegen die früheren Herren schüren. Aber man erreichte das Gegenteil des von Rákosi und seinen Gesellen angestrebten Resultates. Es entstand eine ungeahnte und dem damaligen Zeitgeist widersprechende Solidarität zwischen den „Herren" und den Bauern, die sich ja auch als Herren (über ihr eigenes Land, ihr eigenes Haus und ihren eigenen Grund) fühlten. Nicht nur das, es entstanden Freundschaften für das Leben. Den Bauern imponierten der Arbeitsfleiß der Herren, ihre Bescheidenheit und die Hilfe bei der Kinderbetreuung durch die älteren unter ihnen. Außerdem gab es kein einziges Wort der Klage, kein Jammern. Dieser Schuss ging also voll nach hinten los. Die Wohnungen der Herren wurden von den Bonzen der Partei in Besitz genommen und viele Jahre später wohnten sie noch darin. Nach Stalins Tod wurde die Deportation eingestellt. Die Wohnungen waren meist leer.

Eine Wiedergutmachung gab es aber natürlich nicht. Das Volk lässt sich nicht auf Dauer belügen und betrügen. Die kommunistischen Arbeiter- und Bauernstaaten, wie man sie damals so schön plakativ nannte, hatten ihre größten Feinde unter den (in Kolchosen gezwängten) Bauern und unter den ausgebeuteten und schlecht bezahlten Arbeitern. Als das ungarische Volk 1956 aufstand und die Russen frontal angriff, ja sogar für kurze Zeit aus der Hauptstadt jagte, waren die meisten Kämpfer gegen die Bolschewisten einfache Arbeiter. Die Bauern kämpften nicht, aber sie versorgten die Freiheitskämpfer. Die Kádár-Presse brüllte: „Das war eine Konterrevolution!" Die westliche Presse, durch Reporter aus aller Welt vor Ort vertreten, und somit absolut im Bilde, was sich abspielte, hat später diese Freiheitsbewegung langsam vergessen und den „Prager Frühling" in den Vordergrund gestellt. Denn Dubcek war ja Kommunist und der „Prager Frühling" war „Kommunismus mit menschlichem Antlitz", was es aber nie und nimmer gegeben hat. Man schweigt heute über 1956 ebenso, wie man über den großen Alexander Solschenizyn und Kardinal Mindszenty schweigt. Denn: Antikommunismus ist in der westlichen Presse heutzutage nicht „in".

Es gibt das oft gebrauchte Wort Desinformation. Heutzutage benützen manche Geheimdienste diese Art, die Menschen mit Lügen zu überhäufen, aber auch einige Medien. Wenn einige Medien die von den Geheimdiensten ausgearbeitete Desinformation aus Quellen, die man nie richtig lokalisieren kann, verwenden, so übernehmen diese früher oder später immer mehr Medien und sehen sie als Tatsache an. Die Mehrheit hat aber die Eigenschaft, diesen Informationen in Wort und Bild leider zu trauen. Im Jahre 2010 hat in Ungarn bei völlig freien Wahlen eine bürgerliche Partei die Zweidrittel-Mehrheit errungen. Das war meines Wissens das erste Mal überhaupt, seitdem es freie Wahlen gibt. Und statt sich darüber zu freuen, dass endlich eine bürgerlich-konservative Partei die Zweidrittel-Mehrheit errungen hat, wurde sofort nach den Wahlen eine weltweite Kampagne gegen Orbáns Partei, seine Person und die endlich nach Jahren des Kommunismus demokratisch gewordene Nation Ungarn sowie eine bis heute andauernde Hetze entfacht. Wir kennen diese Art von Hetze nur zu gut. Ich nenne nur einige Namen: Waldheim, Groer und Krenn. Die Ungarn sind aber aus einem anderen Holz geschnitzt als die eher nachgiebigen, denkfaulen und medienhörigen Völker mancher westlicher Staaten. Ich fahre oft nach Ungarn, verschlinge die dortigen Zeitungen und sehe das ungarische Fernsehen. Ich weiß, wovon ich spreche. Orbán befindet sich in Koalition mit der christlich-demokratischen Volkspartei. Zutiefst konservativ und patriotisch und nicht rechtsnational, wie unsere Presse es zu schreiben beliebt. Einige Taten des Viktor Orbán seien hier aufgezählt. Er hat der Kirche ihr Vermögen zurückgegeben. Er hat die stalinistische Verfassung außer Kraft gesetzt und an ihre Stelle eine Verfassung gestellt, in deren ersten fünf Absätzen Gott sowie die zivilisatorischen Taten der Kirche und der Klöster erwähnt werden. Die Verfassung Rákosis aus dem Jahre 1949, in der er und Stalin in höchsten Tönen gelobt werden, konnte man nach Abgang der Kommunisten im Jahre 1990 nicht ändern, weil im formell demokratischen Staat keine dazu notwendige Zweidrittel-Mehrheit zusammenkam, die zu einer Verfassungsänderung eben unerlässlich ist. Orbán hat einen Großteil der unter Kádár angehäuften Staatsschulden zurückgezahlt, man spricht sogar von der Hälfte. Seine Minister und Diplomaten machen eine gute Figur im Ausland und sogar bei der anfangs skeptischen EU-Kommission. Orbán ist begeisterter Europäer, wobei er aber auf die volle Souveränität seines Landes achtet, dabei eher de Gaulle als Vorbild nehmend, der ein „Europa der Vaterländer" wollte. Das Verhältnis Ungarns mit seinen Nachbarn ist korrekt. Eine halbe Million Auslandsungarn bekamen die ungarische Staatsbürgerschaft. Anfangs waren die Beziehungen zur Slowakei aber eher schlecht, nachdem das EU-Mitglied Slowakei dem ungarischen Staatspräsidenten an der Grenze die Einreise verweigerte. Rumänien, das sich nach dem Ersten Weltkrieg ganz Siebenbürgen, die Ost- und Westkarpaten einverleibt hat, wo damals fast vier Millionen Ungarn lebten, hatte ein recht schlechtes Verhältnis zu Ungarn. Man sagt, und ein Diplomat in der Schweiz bestätigte es auch, dass Stalin Nordsiebenbürgen, welches 1940 zu Ungarn kam, bei Ungarn belassen wollte. War doch die rumänische Armee unter Marschall Antonescu von der deutschen Wehrmacht unvergleichlich besser mit Waffen beliefert worden als Ungarn, denn Hitler traute Horthy nicht, sehr wohl aber dem Conducator Antonescu, der eine weit größere und stärkere Armee an der Seite der Deutschen in der Sowjetunion hatte.

Ich hatte selbst die Ungarische Armee, als sie in der Sowjetunion ihren überflüssigen Krieg begann, in der Wochenschau und auch auf den Straßen gesehen. Da waren Radfahrer, Leiterwägen, uralte Motorräder zu betrachten. Dementsprechend wurde ein Großteil der Soldaten im Hinterland zur Partisanenbekämpfung eingesetzt. Doch in dieser einen Frage waren Churchill und Roosevelt gegen die Russen einig. Das „heilige" Friedensdiktat von Trianon durfte nicht angetastet werden und Rumänien als einer der eifrigsten Entente-Kollaborateure behielt seine alten Grenzen von 1920 bis heute. Hört oder liest man darüber heute etwas? Ich glaube kaum.

Auch das Verschweigen wichtiger geschichtlicher Ereignisse gehört zur Desinformation. In unserem Land gibt es politische Kleingruppen mit anarchistischem Hintergrund und dem Gegenteil dessen, was wir Patrioten Heimatliebe nennen. Diese Leute werden nicht nur, im Gegensatz zu den Ultrarechten, geduldet, sie werden von den Medien seit Jahren offen unterstützt. Wenn ich da an die alte, nach dem Ersten Weltkrieg untergegangene Monarchie denke, fällt mir der Unterschied immer wieder auf. Man konnte sogar den Kaiser kritisieren und war in vielen Dingen demokratischer als in dem, was man heute Demokratie nennt. Man ist bei uns sehr eifrig im Ausgrenzen unliebsamer Gruppierungen, aber die in Österreich bei etwa 1 % liegenden Kommunisten werden in den Medien immer eine Plattform finden, noch mehr in Deutschland, wo ja bekanntlich alles viel ernster genommen wird. Dort ist zum Beispiel der Herr Gisy fast täglich im Fernsehen präsent.

Vieles, sehr vieles wurde und wird verschwiegen. Da ist einmal Stalins Massenmord an den polnischen Offizieren und Intellektuellen (an die 20.000 Menschen) in Katyn zu nennen, der 1940 geschah, von der deutschen Wehrmacht entdeckt und von neutralen Staaten kontrolliert wurde.

Alle Papiere, Rechnungen und Zeitungen, die man bei den Leichen fand, trugen das Datum von 1940. Die deutsche Wehrmacht kam aber erst 1941 nach Russland. Für dieses fälschlich den Deutschen angelastete Verbrechen sind sogar von den Russen zahlreiche deutsche Offiziere hingerichtet worden, völlig unschuldige Menschen. Die Russen, die laut Alexander Solschenyzin in Friedenszeiten rund 60 Millionen Menschen umgebracht haben, waren aber beim Nürnberger Prozess Richter.

Die Verniedlichung des Kommunismus in Ländern, die ihn nie erlebt haben, ist heute in der sogenannten westlichen Weltpresse üblich. In den Ländern aber, wo die Kommunisten brandschatzend und vergewaltigend eingezogen sind und dann viele Jahrzehnte so regiert haben, dass ihr zerstörerisches Werk diese Länder um 50 Jahre zurückgeworfen hat, da wird Gott sei Dank die Wahrheit verkündet.

Man könnte dieses Kapitel noch lange weiterschreiben. Ich wollte nur aufzeigen und mit Beispielen dokumentieren, dass die Desinformation viele vielleicht irreparable Schäden verursacht hat. Wer soll die Geschichte der Wahrheit entsprechend umschreiben? Zeitzeugen sind tot oder nicht mehr fähig einzugreifen. Von den heute an der Macht befindlichen „68ern", von jungen, unerfahrenen, aber umso aggressiveren Grünen ist das schon gar nicht zu erwarten. Früher war das Wort „grün" auch eine Bezeichnung für unerfahren, unwissend und ungebildet. Bei Karl May nannte Sam Hawkens Old Shatterhand ein „greenhorn": Dann war die Gilde der Weidmänner grün. Heute gibt es eine kleine Partei mit dem Namen „grün", weil ihre Gründer ehrlich für die Erhaltung der Natur waren. Die heutigen sind ebenso wenig an der Natur interessiert, wie Honecker an der Demokratie. Dabei nannte sich ein Staat, dessen unumschränkter Herrscher er war, Deutsche Demokratische Republik. Desinformation im Kleinen, Desinformation im Großen. Ihr einziger Feind ist die Wahrheit. Doch wird sie jemand in der Zukunft noch verkünden?

Es gibt viel Gutes – bleiben wir guten Mutes

Im Allgemeinen bin ich der Meinung, dass ein Autor nicht nur von all dem Schlechten, Bösen, Verunsichernden unserer Zeit, sondern auch vom Guten berichten sollte, denn es gibt noch immer sehr viel davon auf dieser Welt. Erinnern wir uns – und wir Alten erinnern uns an eigene Erfahrung, nicht an Erfahrung aus Medien – an die unmittelbare Nachkriegszeit. Nach den schrecklichen Gräueln des Krieges und der unmittelbaren Nachkriegszeit hatten wir alle, auch die Journalisten, genug vom Negativen. Täglich lasen oder hörten wir gute Nachrichten (Medien waren damals Radio und Zeitungen, denn es gab noch keine Fernseher), wie zum Beispiel „der oder jener ist aus der Gefangenschaft zurückgekommen" oder „wieder wird eine Lebensmittelkarte abgeschafft" oder „der Wiederaufbau der völlig zerstörten Städte geht zügig voran". Man hielt zusammen, man freute sich des (geretteten) Lebens und man stillte seine Sehnsucht nach Bildung und Unterhaltung. Wir waren damals jung und die ältere Generation war uns – im Familien- und Freundeskreis selbstverständlich – ein Vorbild. Wer die damaligen Städte nach der Bombardierung durch die Alliierten gesehen hat, konnte nicht glauben, dass sie jemals wieder aufgebaut werden können. Berlin, so erinnere ich mich deutlich, Würzburg, Hamburg und Dresden gab man damals nicht den Funken einer Chance, jemals wieder aus der Asche neu erstehen zu können. Und doch brachten es die – fürchterlich dezimierten – Menschen fertig. Die Heimkehrer aus Gefangenen-, Hunger- und Arbeitslagern und aus den Fängen der Geheimpolizei bauten alles wieder auf. Was wissen noch so gebildete junge Historiker darüber, wie es wirklich war, sie haben es ja doch nur aus einseitig ausgerichteten Quellen erfahren. Dabei ist auch zu bedenken, dass in der Nachkriegszeit Rache- und Hassgefühle weit weniger verbreitet waren als jetzt. Das ist verständlich, denn es lebten damals noch allzu viele Zeitzeugen. Unter und vor ihren Augen hätten sogenannte „Wehrmachtsausstellungen" nicht reüssieren können.

Warum nimmt die mediale Hetze gegen die deutsche Wehrmacht noch immer zu? Unsere Familie, deren Schicksal von allem Anfang dem Schutz der Muttergottes von Mariazell anvertraut war, hatte unter vielen anderen, auch fast übernatürlichen Hilfen, auch zwei Mal der Deutschen Wehrmacht ihr Leben zu verdanken. Die bei uns einquartierten Transportflieger unter dem Luftwaffenmajor Penckert aus Neurupin hatten meinem Vater mit Entschiedenheit abgeraten – wie es seine Absicht war – in Csákberény zu bleiben und erst zuallerletzt haben wir die abfliegenden JU-52-Transportmaschinen bestiegen und waren somit gerettet. Hier, wo die Front drei volle Monate „stehenblieb", wurden viele Freunde und Nachbarn umgebracht. Der prominente Widerstandsmann Miklós Szécsen wurde von Russen gemeinsam mit seiner wunderschönen Frau Alice, geborene Esterházy aus Rhéde in Mór, bestialisch ermordet. Der Freund Feri Sennyey und Lacy Vay wurden ebenfalls von Russen getötet. Das zweite Mal rettete uns ein deutscher Offizier, der in Ikrény im Schloss wohnte und den wir kaum kannten. Der Chef der Pfeilkreuzler in Ikrény, ein gewisser Horog, hatte eine große Wut auf uns, weil ich es verhindert hatte, dass er gemeinsam mit einer Gruppe verhetzter Leute einen verwundet abgeschossenen amerikanischen Flieger umbrachte. Damals ging es wirklich um Minuten. Am Tag unserer Abreise mit drei Leiterwägen von Ikrény, gegen Abend, kamen plötzlich fünf uniformierte Pfeilkreuzler auf Motorrädern und wollten meinen Vater verhaften. Er hatte, was jedem Grundbesitzer zustand, ein Säckchen Zucker mitgenommen, und zwar aus jenem Zuckerbestand, der dem Besitzer von Zuckerrübenfeldern legal gehörte, wobei mein Vater die gesetzliche Abgabepflicht peinlich genau erfüllt hatte, da er das Terrorregime der Pfeilkreuzler genau kannte. Meine Mutter hatte aber rechtzeitig und schnell reagiert. Sie lief die Stiege hinauf, wo ein deutscher Offizier sein Büro hatte und bat ihn um Hilfe. Dieser zog seine Pistole und stürmte die Treppe hinunter, gerade bevor diese Unmenschen meinem Vater Handschellen anlegen wollten. Er brüllte sie mit einer Kasernenstimme an: „Wenn ihr Gesindel den Herrn nicht sofort freigebt, schieße ich euch alle über den Haufen." Nach anfänglichem Murren und weil weitere Soldaten mit entsicherten Pistolen erschienen, schwangen sie sich auf ihre Motorräder und brausten davon. Da wir eben abfahren wollten, unsere Meierhof-Pferde aber recht langsam waren, gab er uns bis zur Ortschaft Csorna zur Sicherheit zwei Feldgendarmen mit Maschinenpistolen mit.

Die Pfeilkreuzler waren damals ein wahres Terrorregime. Die oberen Führer hatten sich zu dieser Zeit schon lange nach Westungarn oder Österreich abgesetzt. Die verbliebenen Unterläufel mordeten, wo sie nur konnten. Es war sehr wahrscheinlich, dass sie meinen Vater exekutiert hätten. Wie mir nach Jahren verlässliche Bekannte aus Ikrény erzählten, soll dieser lokale Pfeilkreuzlerführer später KP-Parteisekretär in Ikrény geworden sein. Damals war, wie im Lotto, „alles möglich".

Die Güte und Opferbereitschaft war in der Nachkriegszeit beispielgebend. Zwei Tage nach unserer Rückkehr nach Csákberény im Dezember 1945 wollten die mit Parzellen aus unserem Landgut beglückten, neuen Kleinbauern, die uns aber immer gerne hatten, ihre Felder zurückgeben. Mit Bruder Feri hätten wir circa 100 Hektar zurückbekommen. Selbstredend durften wir ein solches Angebot nicht einmal gedanklich erwägen. Das war für immer tabu. Ich war dann ein volles Jahr bezahlter und angestellter Revierjäger in unserem enteigneten Wald, dessen Jagdrecht eine Budapester Jagdgesellschaft vom Staat gepachtet hatte. Die Gesellschaft hieß „Alte Füchse" (vén rókák). Es war also ganz legal, dass ich von meiner damaligen Behausung aus, durch das halbe Dorf gehend, in den Wald ging. Meine Hauptaufgabe war, die Fütterungen zu reparieren und, wenn die Dächer der Futterkrippen in Ordnung waren, Heu, das ich bei Bauern besorgte, mit deren Gefährt in den Wald in eben diese reparierten Krippen zu bringen. Im Winter war ich täglich im Wald. Im Herbst hatte ich schon manche Rucksäcke voller Totenschädeln zum Pfarrer gebracht, damit er sie in geweihter Erde begraben ließ. Mit einem dicken Stift schrieb ich den Ort und das Datum, wo und wann ich das Skelett gefunden hatte, darauf. Falls Dokumente oder Marken dabei waren, packte ich diese zum Schädel. Die Frontkämpfe dauerten in unserem Wald drei Monate und es gab daher sehr viele Tote. Aber noch etwas fand ich in rauen Mengen – Waffen und Munition. Diese brachte ich „gewissenhaft" zum Gemeindeamt, einige aber versteckte ich in hohlen Bäumen. Eines Tages, Ende Februar 1947 bot mir Jäger Satzger aus Zámoly seine Kal.-16-Flinte an, damit ich im März Schnepfen schießen konnte. Wir beide wussten aus den Zeitungen, dass auf Waffenbesitz ohne Waffenschein die Todesstrafe stand. Junge Leute sind oft leichtsinnig, das war ich damals auch. Aber Satzger, der Familienvater und neue Revierleiter in Zámoly riskierte, mir und meiner Passion zuliebe, sein Leben. Ist das nicht ein Zeichen von menschlicher Güte in jener Zeit? Ich habe dann beim Stöbern und Buschieren einige Schnepfen geschossen. Die Flinte nahm ich nach Hause mit. Den Leuten fiel es nicht auf, weil ich ohnehin fast täglich irgendeine Waffe beim Gemeindeamt abgab. Die Flinte, ein Hahnengewehr aus dem Jahr 1890 versteckte ich zu Hause im blauen Kanapee.

Von der Einladung des ehemaligen Gánter Försters Zechner ins Börzsönygebirge habe ich in meinen Büchern schon mehrmals geschrieben. Er lud mich jeweils für eine Woche Ende März 1947 und 1948 nach Kosd bei Vác ein. Er zeigte mir einige Flinten zur Auswahl. Ich wählte eine Springer, Kal. 20 mit langem Lauf. Patronen hatte er genug. Für die eine Woche hatte er mir sogar einen Jagdschein besorgt. Wie und wo, das weiß ich nicht.

Natürlich war mir bewusst, dass ein Jagdschein (für einen „Klassenfeind", wie ich es war) ohne Waffenlizenz nicht viel wert war. Wir buschierten mit einem guten Hund den ganzen Tag und am Abend gingen wir auf den Schnepfenstrich. Zechner hatte eine hohe Stelle, kannte viele prominente Kommunisten und auch Bonzen anderer damals noch existierender Parteien. Einmal wurde eine Klopfjagd für einen russischen Offizier abgehalten. Als Jagdgast auch jener gefürchtete Beamte, der für die Herausgabe oder Verweigerung der Waffenlizenz zuständig war, ein gewisser Ékes, ein hoher Beamter im Innenministerium. Ich habe es bereits erzählt, ich kam – unverständlicherweise, da es ein großes Risiko war – zwischen dem Offizier und dem Herrn Ékes zu stehen und gerade mir kam stichgerade ein Schnepf, den ich auch erlegte. Beide Herren gratulierten arglos. Es war ein sehr großes Risiko und ein aufopfernder Freundschaftsdienst, den Zechner mir gewährte. Ich gebe es zu, dass ich mich nicht wohl dabei fühlte. Abends tranken wir Wein im berühmten Lokal „Zsibbasztó" in Vác und freuten uns über den schönen Tag. Man soll sich nichts vormachen, wir beide riskierten sehr viel für diese geliebten und geheimnisvollen Vögel. Er, der mehrfache Familienvater, noch mehr als ich. Eine gute Tat, die ich nie vergessen werde. Ich traf den Freund dann noch 1971 im österreichischen Pavillon der Weltjagdausstellung in Budapest. Da gab es wirklich viel zu erzählen.

Eine weitere gute Tat, dieses Mal von meinem Vater, möchte ich hier schildern. Der Krieg ging seinem Ende zu und bei Ostwind hörten wir schon das Rumpeln der sich nähernden Front. Es gab auch immer wieder Bombardierungen sowie Tieffliegerangriffe durch die Westalliierten unmittelbar hinter der Ostfront. Nach der Kapitulation der königlichen rumänischen Armee waren die Südkarpaten kein Hindernis mehr und plötzlich standen die Russen in der ungarischen Tiefebene. Eine große Panzerschlacht bei Debrecen hielt sie noch ein wenig auf, die Theiss war ihnen kein Hindernis und schon begannen sie Budapest einzukesseln, was ihnen vorerst aber nicht gelang. Bei uns war es sehr strenge Sitte, dass man seinen ersten Hirsch – der kein Kronenhirsch sein durfte – erst nach der Matura erlegen durfte. Mit einem Wort: Man konnte sich von den Fingern ablesen, dass im folgenden Jahr (1945 wäre meine Matura gewesen) es für uns in unserem Wald keine Möglichkeit mehr geben würde, einen Hirsch zu schießen. Daher entschloss sich Vater, für mich eine Ausnahme zu machen und mir meinen ersten Hirsch schon früher zu geben. Wir gingen in unserem Wald immer allein auf die Pirsch. Wenn wir gewusst hätten, dass zu dieser Zeit der Vértes schon voller russischer Partisanen war, hätten wir uns das drei Mal überlegt. Wir wussten es aber nicht und da die deutschen Transportflieger nicht ein einziges Mal – dank ihrer hervorragenden Tarnung – angegriffen wurden, vermutete niemand Partisanen. Wenn man unbekannte Menschen im Wald traf, dachte man, es wären Fremdarbeiter, denn viele Betriebe hatten Ostflüchtlinge angestellt. Nun, ich schoss am 9. September im Wirtsgraben meinen ersten Hirsch, einen Eissprossen-Zehner, der schon des Alters wegen den Gefallen meines Vaters fand. Er gab mir daraufhin den Revierteil zwischen Gánter Allee und den Feldern völlig frei, mit der Auflage, keine jungen Kronenhirsche zu schießen. Dieser sonst bei der Brunft kaum beachtete Revierteil war etwa 1.000 Meter breit und erstreckte sich von der Csákberényer Hutweide, wo ja auch die JU-52er-Transporter lagen, bis Gánt. Damals waren im Csákberényer und Kápolnaer Wald so gute Brunftplätze, dass sowohl Vater und Großvater als auch Vaters Gäste diese aufsuchten. Ich war entzückt, denn es herrschte Südwind und bei diesem zog das Rotwild bis zu den Páskumer Feldern und Weingärten. Die Hirsche zogen bei uns in der Brunft immer gegen den Wind. Bei Nordwind waren die meisten bei unserem Nachbarn Moritz Esterházy.

Ich erlegte in diesem letzten Jahr in Csákberény insgesamt sieben Hirsche. Und zwar je einen am 16., 20., 23. und 27. September sowie am 7., 13. und 31. Oktober. Letzteren allerdings auf einem Riegler, den wir traditionsgemäß immer am letzten Schusstag auf Hirsche abhielten. In diesem Jahr war ausnahmsweise die Schusszeit vom 15. bis zum 31. Oktober verlängert worden. Es war der letzte Csákberényer Hirsch. Der am 23. September erlegte Hirsch im Gizikutschlag „meines" Revieres war der beste des Jahres und wog mit der kleinen Hirnschale sieben Kilogramm. Nach heutiger Messung über neun Kilogramm. Der Hirsch war uralt, kein Wunder, denn in diesem Waldteil hat man nie auf Brunfthirsche gejagt.

Und dann kam noch etwas sehr Gutes und Schönes im Zusammenhang mit diesem damaligen „Lebenshirsch". Durch die Freundlichkeit eines Försters und eines Jagdgastes wurde dieser Hirsch 1962 zusammen mit den Geweihen des Gastes, wie es damals üblich war, auf dem Dach des Mercedes „mitgenommen", dann in Nickelsdorf bei der Post aufgegeben und, da der Gast anscheinend von meiner Tätigkeit im Jagdmuseum wusste, vom Postboten in mein Büro gebracht. Ich kenne den Namen dieses deutschen Jagdgastes nicht. Ich werde ihm ewig dankbar sein.

Wie schon im Kapitel „Mein großer Bruder Feri" beschrieben, wurde ich Anfang der Fünfzigerjahre von Prinzessin Liliane von Belgien (de Réthy) zu einer mehrtägigen Hofjagd in Belgien eingeladen. Ich bekam von ihr ein Schlafwagenticket hin und zurück von Graz nach Brüssel und jetzt halten Sie sich an: Erster Klasse! Wer war ich damals schon, ich verdiente im Monat sicher weniger, als dieses Luxus-Schlafwagen-Ticket kostete. Auch das werde ich nicht vergessen.

Die Einladung des Herzogs Albrecht von Bayern in die Garganta nach Spanien habe ich ebenfalls schon beschrieben.

Ebenso zahlreiche Einladungen des Fürsten und Erbprinzen von Schwarzenberg auf seine Fasanen- und Saujagden in Böhmen, als Gast, so wie man das Wort versteht.

Herr Emil Underberg lud mich zwei Mal nacheinander auf seine grandiosen Ringeltaubenjagden an den Niederrhein ein, dazu stellte mein Vetter Friedrich Mayr-Melnhof Auto und Chauffeur zur Verfügung. Bis zur holländischen Grenze ist es doch sehr weit.

Ich könnte noch sehr vieles von dem erzählen, was mir an Gutem, dank meiner Freunde, zuteilwurde. Die lange Serie aller meiner Bücher ist ja auch ein Teil des Dankes. Es gibt viel Gutes auf dieser Welt!

Und noch vielen anderen Freunden verdanke ich wunderschöne Stunden meines Lebens. So meinem Freund René la Roche, der mich in einer Zeit, als ich als kleiner Beamter sehr wenig verdiente, auf fast alle Generalversammlungen des CIC einlud. Flugticket, Hotel und den ganzen Aufenthalt. Das waren Chambord, Paris, Madrid, Budapest, Brüssel, Arles, Texel, Amsterdam, München, Darmstadt. Immer wurden diese von der vorgesetzten Behörde genehmigten Studienreisen von René bezahlt, bis ich draufkam, dass auch meine Behörde für solche Studienreisen einen Fond hatte. Durch diese Reisen, an denen immer Freund Lazar Raic, später auch Jörg Bistram, teilnahm, konnte ich mehr Museen in Europa besichtigen und studieren als viele meiner Kollegen. Der Sammlergeist lag ohnehin in meinen Genen. Schon als Kind sammelte ich Mariazeller Andenken, soweit mein Taschengeld reichte.

László Szápáry, der beste österreichische Wurftaubenschütze, überredete mich, anfangs mit pekuniärer Unterstützung, zum damals teuersten Sport, dem Wurftaubenschießen, zu gehen, an großen Turnieren und Meisterschaften teilzunehmen und ich tat dies dann von 1953 bis 1983. Wie schon gesagt und allgemein bekannt, ohne Training. Allein das Nenngeld für eine Konkurrenz war sehr hoch. Szápáry verdanke ich, dass ich durch meine relativ vielen Siege bei Landesmeisterschaften, internationalen Turnieren und Staatsmeisterschaften einen Namen als Schrotschütze bekam, und damit auf die besten Niederwildjagden Österreichs des Öfteren eingeladen wurde.

Mein guter Vetter Friedrich Mayr-Melnhof lud mich einmal zur Entenjagd in die Anthringer Au ein. Damals hatte ich noch kein Auto. Und so spendierte er mir das Flugticket von Graz nach Salzburg. Ich erinnere mich gut, es war eine Caravelle. Sie flog teilweise durch die nach Salzburg führenden Täler so niedrig, dass Berggipfel über der Maschine zu sehen waren. Das war Mitte der Fünfzigerjahre. Ebenfalls mit einer Caravelle flog ich 1965/1966 nach Kairo, wohin mich der österreichische Botschafter, mein Schwager Gordian Gudenus, eingeladen hatte.

Ich hatte wirklich viele großzügige Freunde und Wohltäter und möchte ihnen auf diesem Wege nochmals „Vergelt's Gott“ sagen. Am liebsten hätte ich sie nach Csákberény eingeladen, doch das war wegen der Russen nicht möglich.

Blatten in der Vorbrunft in Ungarn

In früheren Jahren konnte ich zur Zeit der Rehbrunft nicht nach Ungarn fahren, weil ich in Österreich etliche Einladungen hatte. Gleichzeitig darf man dabei nicht vergessen, dass ich aktiver Beamter war und mir meinen Urlaub einteilen musste. Die Rehbrunft in Österreich begann für mich so um den 22. Juli mit der Einladung in Güssing, von da ging es dann nach Rechnitz und weiter nach Dobersberg im Waldviertel. Etwa um den 5. August fuhr ich von dort nach Horn, wo ich den mir zugedachten Abschuss in einer Woche absolvierte. Dann ging es wieder für einige Tage nach Dobersberg, wo ich seinerzeit mehr oder minder freie Büchse hatte. Der dortige Jagdherr und langjährige Freund László Szápáry weilte zu dieser Zeit meistens in Donaueschingen und seine Söhne waren anfangs noch zu klein, um zu jagen. Später habe ich die Rehbrunft in Ungarn in vier verschiedenen Revieren erlebt: einmal in Guth im berühmten Damhirschrevier unweit von Debrecen, einmal in Visznek und Tarnaörs, einmal in Sárospatak sowie einmal bei Makó.

In Guth wurde ein ganz kapitaler, alter Bock gemeldet. Ich blattete sehr fleißig, es sprangen etliche Böcke, aber nicht der erwartete. Von der Rückreise von Guth sind mir zwei Dinge in Erinnerung geblieben. Einmal sah ich die größte Ansammlung von Störchen je in meinem Leben (es war Ende Juli) und der Besuch des Grabes von Reichsverweser Horthy in der Familiengruft von Kenderes, wo sich auch ein vergilbter Kranz mit der Aufschrift „Die dankbaren Juden von Budapest“ befand.

In Visznek war ich einmal mit Jäger Loisi im Revierteil von Nagyfüged. Nagyfüged ist eine schon geschilderte Ortschaft mit fleißigen Roma, die die dunkelste Farbe hatten, die ich je bei Zigeunern gesehen habe. Da standen viele Maisfelder und etliche Sonnenblumenfelder. Ich sagte Loisi, dass wir in Anbetracht der sehr großen Tafeln mindestens zwei Stunden in unserem Bodensitz ausharren müssten. Da mir aber der Wind nicht passte, fragte ich Loisi, ob wir nicht bei gutem Wind auf einer Strohtriste Platz nehmen könnten, auch der Schuss würde auf diese Weise ungefährlicher sein. Denn man muss wissen, dass das Revier Visznek vollkommen eben ist. Nur im

Hintergrund sieht man den höchsten Berg des heutigen Ungarns, den „Kékes“ mit seinem 1.100 Meter hohen Gipfel im Mátra-Gebirge. Kékes bedeutet auf Deutsch „der Bläuliche“. Und wirklich: der riesige Berg im Hintergrund wirkte bläulich. Damals, mit meinen 60 Jahren, war mir das Erklimmen der Strohtriste eine Kleinigkeit. Da es schon lange nicht geregnet hatte, war das Stroh trocken und wir gruben uns zwei Löcher, damit wir gut sitzen konnten und ich bequem auflegen konnte. Ich hatte mir zwei Stunden Blatten vorgenommen. Von hier oben sahen wir das Kraftwerk und dessen Rauchfahne mit der genauen Windrichtung und dass es in der Umgebung noch drei Strohtristen gab. Ich blattete noch nicht eine Viertelstunde mit dem normalen Gaisenruf, als auf etwa 70 Schritte am Rande des Maisfeldes ein semmelgelber Bock erschien. An den Randpflanzen fegte der Bock, verdrehte die Lichter und plätzte. Ich blickte auf Loisi, dieser nickte. Ich hatte damals den Steyr-Mannlicher mit dem „variablen“ Diavari mit 1,5- bis sechsfacher Vergrößerung. Ich stellte auf sechs und zielte sehr genau. Wissend, dass bei der inzwischen stark angestiegenen Temperatur und der angeborenen Bequemlichkeit von Loisi ein Nachsuchen im Mais nicht opportun sei, zielte ich auf „hochblatt“ und, wie gewünscht, fiel der Bock im Feuer. Es war ein ungerader Sechser mit 27 Zentimeter Stangenlänge und 402 Gramm Geweihgewicht netto. Wir beide freuten uns, dass er so bald gesprungen war und genau als die Fotos und das Aufbrechen fertig waren, läuteten überall die Glocken zum mittäglichen Angelusgebet. Zum Essen war ich in meinem alten Quartier bei Horváth Jóska. Er war damals noch Junggeselle und es kochte für ihn seine Nachbarin, die noch recht junge Marika, die inzwischen schon lange tot ist. Jóska, der später nicht sehr glücklich verheiratet war, starb vor drei Jahren. Er war der Sohn eines überzeugten Kommunisten namens Rudi. Im Schlafzimmer hing das Bild Lenins sozusagen „eingerahmt“ zwischen einem Christus- und einem Maria-Bild, denn seine Mutter war religiös. Interessant war die Bibliothek des sehr belesenen Jóska. Seit 1982 weilte ich fast alle Jahre dort und las in diesen, natürlich kommunistischen, Büchern, wobei ich – das ist meine Angewohnheit – mit einem Bleistift meinen „Senf“ dazugab. Während ich bei ihm im guten Zimmer wohnte, schlief er in der Küche auf einer Couch. Immer war einer seiner Dackel zu seinen Füßen am Bett. Neben seinem Kopfpolster stand ein großer Krug mit Wasser am Boden. Jóska war Chef des damals natürlich staatlichen Gasthauses und kam immer nach der Sperrstunde heim. Da ich in Visznek nie auf die Frühpirsch ging, sah ich ihn in der Früh selten, denn er war trotz seines Berufes Frühaufsteher und arbeitete im Garten, wo er eine Knoblauch-Plantage hatte. Er war einer der führenden Kommunisten des Ortes und Lajos, mein Pirschführer, der

Parteisekretär war, hatte Respekt vor ihm. Es war aber interessant, dass auf dem Dachboden, offensichtlich sorgsam von Jóska aufgehoben, große Stapel der Deutschen Illustrierten aus dem Krieg, „Signal" lagen, die aber auch in ungarischer Sprache erschienen war.

Eine nächste Pirsch unternahmen wir dann im Nachbarrevier Tarnaörs. Der dortige Jäger hatte das Blatten noch nie miterlebt. Das Revier hatte viele Wälder und Remisen und es sprangen uns nicht wenige Böcke, allerdings lauter junge. Es ist auch für mich lehrreich gewesen, wie gut die Böcke gesprungen sind, die das Blatten noch nie erlebt hatten. Der junge Jäger war begeistert. Gegen Abend sahen wir unweit der Grenze zu Visznek einen abnormen Bock, der zuerst absprang, dann aber auf etwa 100 Schritte breit stehend verhoffte. Es war nicht schwer, ihn zu erlegen.

In einem anderen Jahr war ich in Sárospatak, in Nordostungarn, wo uns ein kleinwüchsiger, hervorragender Pirschführer erwartete. Da wir am Abend kaum Rehe sahen, da sie anscheinend erst in der Finsternis ihre Deckungen verließen, ging ich am nächsten Tag ausnahmsweise auf die Frühpirsch. Doch nicht in der Morgendämmerung, sondern erst bei Sonnenaufgang. Der kleine Jäger sagte mir, dass er noch nie das Blatten miterlebt hatte. Doch wo sollten wir blatten? Der Geländewagen wurde weit weg abgestellt und wir begaben uns auf ein Stoppelfeld, auf dem noch große, runde Strohballen verstreut standen. Zuerst rollten wir drei solche „Strohräder" zusammen und hatten so mitten im Stoppelfeld eine gute Deckung. Der Jäger sagte, dass um diese Zeit ein alter Feldbock in dem verwilderten Garten einer verlassenen „tanya" (Vierkanthof) zu ruhen pflegte, weil dort Schatten war und seit dem Krieg hier niemand mehr wohnte. Wir postierten uns entsprechend und ich fing zu blatten an. Schon nach der zweiten Strophe kam der Bock aus seiner Deckung, sprang anschließend schnurgerade auf uns zu. Ich sah mit freiem Auge das hohe, lichte Gehörn. Mein Begleiter flüsterte: „Das ist er!" Doch da war er schon auf 40 Schritte vor uns und wollte nicht verhoffen. Endlich, auf ca. 20 Schritt, tat er uns den Gefallen und fiel auf meinen Schuss im Feuer. Der Jäger war begeistert über das für ihn unbekannte Erlebnis und sagte, dass mich dieser Bock nichts kosten würde, weil das Heranblatten auf freiem Feld und seine Erlegung zu seiner „Ausbildung" gehörten. Seine Begeisterung über dieses offensichtlich erste Blatterlebnis kannte keine Grenzen. Der Bock war außerdem uralt, hatte kurze Enden und das Gehörn eine Höhe von 25 Zentimetern. Wie so manche Feldböcke war er ein „Blender", das heißt, schwächer als angesprochen. Noch etliche Böcke konnte ich in Begleitung des netten Jägers heranzaubern, sie schienen mir aber alle zu jung. Diese Böcke hatten nun das erste Erlebnis mit dem „Verblatten". Sie würden in der Zukunft sicher vorsichtiger sein. Ich war überwältigt, wie schnell und vertraut die Böcke in diesem Feldrevier sprangen. Es gab überhaupt keinen Platz, wo nicht gesprungen wurde.

In Makó beziehungsweise dem vorgelagerten Ort Kis-Zombor hieß der Revierjäger Mátyás Trényi. Er war etwa zehn Jahre jünger als ich und im Blatten schon bewandert. Damals waren die Feldreviere in der ungarischen Tiefebene sehr oft riesig. Das Revier Tisza-Maros-szög (Theiss-Maros-Eck) war über 30.000 Hektar groß. Heute ist es auf vier Jagdreviere aufgeteilt. Das sind Kübekháza, Tiszasziget, Deszk und Kis-Zombor. Ich pirschte mit dem ältesten Revierjäger Matyi in Kis-Zombor, der hier auch Oberjäger war. Er hatte einen blutjungen Assistenten, Zsolt Ocskó, für den ich besondere Sympathie empfand. Er wurde später Nachfolger von Matyi Trényi und ich habe etliche Rehböcke mit ihm erlegen können.

Ende der Achtziger- und Anfang der Neunzigerjahre im vorigen Jahrhundert war ich noch mit dem Oberjäger unterwegs. Das Revier lag zum Großteil an der rumänischen Grenze. Diese war durch die weißen Grenzsteine gut sichtbar. Es gab überall die mir aus der Jugend so vertrauten Dorndreher und Raubwürger, auf den Telefondrähten saßen alle 100 Meter Blauracken. In den vielen Gräben wimmelte es von verschiedenen Limicolen (Sumpfschnepfenarten), auch die Greifvögel waren zahlreich, aber nicht so stark verbreitet wie heute. Schwalben gab es sehr viele. Sie umkreisten unseren Geländewagen, wohl wissend, dass dieser Insekten zum Fliegen brachte, die von ihnen anmutig im Flug erbeutet und sofort verspeist wurden. Welch ein Unterschied zu heute! Und dabei gab es in Ungarn damals ausschließlich Kolchosen mit Riesenfeldern. Heute sieht man weder Würger noch Blauracken.

Wir blatteten am Vormittag, es sprangen aber nur drei junge Böcke. Dann am Nachmittag, so um 16 Uhr, sprang uns, nicht aus den Feldern, sondern aus dem Wassergraben, ein hoher Bock, den Matyi sofort zum Abschuss freigab. Wir saßen auf dreibeinigen Jagdhockern, gut gedeckt durch einen Busch. Hinter uns lag ein riesiges Maisfeld. Zwischen Graben und Maisfeld war eine etwa 40 Meter breite, vertrocknete Wiese. Der Bock verhoffte eher misstrauisch. Wir hatten uns, da wir ja auf den Mais konzentriert waren, beim Umdrehen ein bisschen bewegt. Ich wusste, der Bock war vor dem Abspringen, denn er hatte offensichtlich unsere Bewegung bemerkt. So musste ich ihn sehr schnell auf den Stich schießen, was Gott sei Dank gelang, und wie bei allen guten Stichschüssen, fiel er auch im Feuer. Dieser Bock hat uns nicht enttäuscht. Er hatte hohe dunkle Stangen, eine Folge des Fegens an den Schlehdornbüschen. Die Höhe betrug 26,5 Zentimeter, das Gewicht 430 Gramm und das Wichtigste: Er war alt. Seine Vorderenden waren kurz und er hatte eine dunkelbraune Gesichtsmaske. Was mir immer das Wichtigste ist: Sein Volumen betrug 212 cm^3.

Dieses Revier hatte uns der Generaldirektor vom Staatsrevier in Balatonfenyves empfohlen, Ödön Sütő. Wir übernachteten damals im Jagdhaus des Reviers in der Maros-Au. Der Chef der Jagd war Josef Urbán, der Feuerwehrkommandant, der später bei einer Bootsfahrt in der Maros ertrunken ist. Zwei Mal mussten wir im Frühjahr wegen des rasant „anrollenden" Hochwassers dieses Jagdhaus verlassen. Ein Mal wohnte ich sogar in der Kaserne der Berufsfeuerwehr, was mich an längst vergangene Jahre im Pensionat in Pécs erinnerte.

Zu jener Zeit waren an der Dreiländergrenze Ungarn, Rumänien, Jugoslawien noch alle Wachtürme der Grenzpolizei sichtbar, doch je nach Land waren sie völlig verschieden gebaut.

Im originell eingerichteten Jagdhaus empfing uns der Kommandant in voller Uniform mit seinem Leibzigeunerprimas. Wir waren mitten im Kádár-Regime.

Ich fuhr damals mit meinem Polo über Szeged, Kiskőrös, Dunaföldvár nach Balatonfenyves zurück. Die Autobahnen gab es noch nicht, die eine heutige Fahrt wesentlich bequemer machen. Am Abend war ich in Graz. Wie immer war ich froh, ohne Zwischenfälle über die Grenze gekommen zu sein.

Schnepfenerinnerungen und Reflexionen

Ich war noch sehr, sehr jung, als ich meinen ersten Langschnabel in unserem unvergessenen Csákberényer Wald erlegen durfte. Heute sind seither 77 Jahre vergangen und in meinen peinlichst genau geführten Jagdtagebüchern kann ich nur vier Jahre ohne erlegten Schnepf entdecken.

Das erste dieser Jahre war 1943. Wir schmachteten im strengen Internat in Pécs. Ostern war am 25. April und die Osterferien begannen somit erst am Freitag, dem 16. April, also einen Tag nach Beginn der Schonzeit. Da ich im Jahre 1942 die ganzen Osterferien dem Schnepfenstrich und (wie damals üblich und erlaubt) dem sogenannten Buschieren gewidmet und relativ viele Schnepfen erlegt hatte, traf mich dieser Umstand besonders hart. Gleichgesinnte Freunde und ich haben im Pensionat darüber sogar Tränen vergossen. Vater, der Bezirksjägermeister von Mór, duldete keinerlei Missachtung der Gesetze. Der 15. April war damals fast überall in Mitteleuropa der Beginn der Schonzeit. Die beiden anderen Jahre, in denen ich keinen Schnepf erlegte, waren 2009, 2013 und 2014 meist als Folge des spät gefallenen Schnees in den Revieren, in denen ich jagen durfte.

Sie werden sich mit Recht fragen, wie es im Jahr 1945 und jenen Jahren, in welchen wir in der Volksrepublik Ungarn weilten (1946–1948) möglich war, Schnepfen zu schießen. Im Jahr 1945 schoss ich in Ikrény am 16. März einen Schnepf, im Jahr 1946, als ich mich in Pécs zur Matura vorbereitete, einen in Orfü (Mecsekgebirge). 1947 und 1948 jagte ich auf Einladung unseres ehemaligen Försters Ernő Zechner ausgiebig im Börzsönygebirge, nördlich von Budapest und auch zu Hause mit der ausgeliehenen Waffe des Hegers Satzger. Dazu ist festzustellen, dass allein das Führen einer Waffe ohne Waffenschein damals schon die Todesstrafe bedeutet hätte, und zwar nicht nur für jenen, der die Waffe führte, sondern auch für den, der sie ausgeliehen hatte. Man riskierte also den Tod für diese Leidenschaft, aber davon schrieb ich schon. Auch die Engländer hatten in ihrer Besatzungszone Plakate drucken lassen, auf denen die Todesstrafe für illegalen Waffenbesitz angedroht wurde. Sie waren im alten Eggenberger Jagdmuseum noch

Die sechs Geschwister noch zu Hause im Sommer 1943; von links: Anna, Feri, Christl, Lori, Philipp, Maxi

Die „Csákberényer Kinder" erstmals wieder in der Heimat nach der endgültigen Befreiung 1990; von links: Lori, Max, Philipp, Franz, Christl, Anna

zu sehen. Allerdings konnte jeder englische Kommandeur die nötigen Dokumente in kürzester Zeit ausstellen, wenn ihm das passte. Von Major Papillon, der 1945 in Gusswerk residierte, wurden uns schon vier Tage nach Abzug der Russen provisorische Waffenscheine ausgestellt, sodass wir 1945 in Brandhof noch die Rehbrunft jagend erleben konnten.

Als wir nach 1948 endgültig Ungarn verließen, um im freien Westen zu leben, ließ ich mich in Graz nieder, um zunächst als „Hilfskraft am Landesmuseum Joanneum" zu arbeiten. Hier erfuhr ich, dass in der Steiermark weit weniger Frühjahrs- als Herbstschnepfen durchziehen. Dank meines Onkels und Freundes Erni Stubenberg schoss ich meinen ersten österreichischen Schnepf im Herbst 1948. Danach wurde ich von meinem Onkel nach Stainz eingeladen, später von Florian Wippel auf seine kleine Jagd bei Rassach. Zu dieser Jagd gehörte der Windischgraben. Da schoss ich ein Mal am Abend und ein Mal in der Früh je drei Schnepfen am Strich.

Erstmals auf Frühjahrsschnepfen lud mich mein Freund Feri Hasenöhrl nach Wiener Neustadt ein. Er durfte im Revier des bekannten Restaurantbesitzers Schwarz auf den Schnepfenstrich gehen und er hatte ihn gebeten, mich mitnehmen zu dürfen. Hier erlegte ich Anfang der Fünfzigerjahre meinen ersten Schnepf im Frühjahr in Österreich. Anfangs wohnte ich rührender Weise bei den Hasenöhrls in ihrer kleinen Wohnung in Wiener Neustadt. Zsuzsa, seine Frau, war nicht nur eine erfolgreiche Schriftstellerin, sondern sie bereitete den Schnepfenbraten so hervorragend, wie ich es weder vorher noch nachher irgendwo erlebt habe.

In Wiener Neustadt lernte ich auch den hervorragenden Jäger Wolfi Hartig kennen. Mit ihm fuhr ich auf die Rosalia, einen Höhenrücken zwischen Niederösterreich und dem Burgenland, wovon der burgenländische Teil von einem anderen Freund, nämlich Konrad Patzenhofer, gepachtet war. Feri und Konrad sind beide schon lange tot und ich gedenke ihrer mit großer Dankbarkeit. Ebenso der Familie Hartig, die aber noch am Leben ist.

Der Sitz von Patzenhofer war die Villa auf dem Gelände der Zuckerfabrik in Siegendorf. Von diesem nahe der Grenze nach Ödenburg gelegenen Revier möchte ich ausführlicher erzählen. Meine Passion war so grenzenlos und meine Kondition so gut, dass ich, außer Sonntag, von Siegendorf auch auf den Frühstrich auf die Rosalia fuhr. Vom leitenden Angestellten Patzenhofers, Josef Schwarz, erfuhr ich, dass in Siegendorf selbst, im bischöflichen Revier, ein noch besserer Schnepfenstrich stattfindet. Mein verehrter Freund, der Landesjägermeister Socher, den ich durch einen anderen guten Freund, nämlich Karl Ratzenböck, kennenlernte, klärte mich auf. Er sagte nämlich, dass Siegendorf Trockengebiet wäre und sich die dort durchziehenden Schnepfen nur kurz aufhielten. Ihr Ziel seien das Leithagebirge oder die Donauauen. In

Siegendorf sei der Frühstrich besser als der Abendstrich. Socher meinte, dass im feuchten Südburgenland die Schnepfen länger blieben als im trockenen nördlichen Siegendorf, zu Letzterem man aber schon sehr früh, etwa um den 3. März, anreisen sollte. Alles, was der von mir hochverehrte Landesjägermeister des Burgenlandes sagte, bewahrheitete sich. In Siegendorf waren die Schnepfen immer hektisch, man sah Dreier- und Vierer-Zwicks. Der ruhige Balzstrich fehlte, außer ganz am Anfang der Saison, wenn durch den geschmolzenen Schnee genügend Feuchtigkeit zum Stechen vorhanden war. Ich wurde später im Gästehaus der Fabrik, genannt „Biafra", einquartiert und fuhr, wie der Schnepfenstrich eben verlief, entweder auf die Rosalia oder auf Einladung der damaligen Pächter des bischöflichen Waldes Schaja, Springschitz und Metzgermeister Schwarz in das ganz nahe gelegene Siegendorfer Revier. Noch etwas später übernahm Hans Springschitz, Bezirksjägermeister von Eisenstadt, das ganze Siegendorfer Revier und ich wurde von ihm im Frühjahr auf Schnepfen und im Herbst auf Rebhühner eingeladen. Außerdem sahen es die Weingartenbesitzer gerne, wenn man die durch Nagen an den Weinstöcken sehr schädlichen Kaninchen ein bisschen „dezimierte".

Später wurde ich auch in das Revier Klingenbach und Zagersdorf zum Schnepfenstrich eingeladen. Der Jagdherr war damals Herr T. Von ihm eine kleine Geschichte. Wir waren uns schon früher „nahe", weil wir unsere Schnepfenhochstände (von etwa 1,5 Meter) an beiden Seiten der Grenze, dem Klingenbach-Graben, hatten und uns aus nächster Nähe schießen hörten. Er lud mich ein Mal zum Abendstrich nach Zagersdorf ein. Beide standen wir auf derselben Allee, etwa 400 Schritt voneinander entfernt. Er hatte eine schöne junge Dame bei sich. Mit meinen damals noch sehr guten Augen sah ich, dass von der anderen Seite, über die Allee, ein Viererzwick direkt auf ihn zu strich. Er reagierte nicht auf mein Aviso, mir schien, dass er seine Begleiterin gerade umarmte. Der Viererzwick ist meistens schnell und kaum hatte ich mich von meinem Erstaunen über des Jagdherrn „Nichtschießen" erholt, waren die vier Schnepfen schon in Schussnähe. Sie wechselten Höhe und Geschwindigkeit, gaben anscheinend „böse" Laute von sich. Auf die beiden letzten schoss ich und beide klatschten auf die Forststraße. Nun kam endlich „Leben" in die beiden, sie riefen „bravo". Und ich war stolz auf diese Dublette, beide Tiere waren männliche Schnepfen.

Ein einziges Mal war ich zu Ostern mit meiner Mutter in Horn. Sie wollte unbedingt noch einmal einen Schnepfenstrich miterleben. Ich hatte die alte Springer mit. Freund Hans Hoyos hatte noch einen Gast, Karl Kufstein, mitgenommen. Meine Mutter stand vorschriftsmäßig hinter mir. Sie erzählte, dass sie in jungen Jahren meinen Vater immer auf den Schnepfenstrich begleitet hatte. Jetzt war sie etwa 75 Jahre alt.

Erster Hirsch von Philipp Meran jun. im September 1944, erlegt im Revier Kápolna

Der Autor in Auersbach, 1958; Kukuruzjagd auf Fasane, Hasen und Rebhühner

Philipp Meran auf seinem Stand bei einer Fuchs-Treibjagd im Winter 2003

Der Autor auf Taubenjagd im September 2009

Plötzlich sehe ich zwei Schnepfen in großer Eile aus der Dickung streichen. Die wie angegossen liegende Springer ist an der Wange, zwei Schuss und beide fallen. Meine Mutter hat sich den zweiten gemerkt, ich den ersten und wir finden sie sofort mithilfe der Taschenlampe. Hansl und Kari freuen sich mit uns, meine Mutter scheint mir plötzlich um Jahre jünger zu sein. Auch diese Schnepfen sind Hähne, wie das in der Balzzeit öfters vorkommt. Der Alte vertreibt den Jüngeren. In den Siebzigerjahren war das bei den Menschen umgekehrt. Die heute von den Medien nostalgisch „68er-Generation" genannte ewig junge, aber schon graue Altersgruppe mit ihrem Idol, dem Kommunisten Ernesto Guevara, war damals am Höhepunkt ihrer angeblichen Wichtigkeit.

Doch zurück zu den Schnepfen. Natürlich ging es nicht immer so glatt. Mir kommt vor, je älter ich wurde, desto weniger Schnepfen kamen auf Schussnähe. Von diesem Zaubervogel gibt es den Aberglauben oder die Legende, dass sie, unsere geliebten Langschnäbel, in direktem Kontakt mit Diana, der römischen Jagdgöttin, stünden. Und diese bevorzugt die Jungen, die Anfänger, die „Spätberufenen", Uninteressierten, die sich am Schnepfenstrich Langweilenden. Die passionierten, leidenschaftlichen Alten werden „gemieden". Eine Ausnahme gibt es. Erst wenn der Alte nichts mehr trifft, umgaukeln sie ihn. Meine treuen Begleiter in Ungarn und auch in Kogl können das bestätigen. Mein bevorzugter Begleiter des Reviers Weissenkirchen, Franz Huber, sagte sogar: „Das geht nicht mit rechten Dingen zu!" Dabei haben diese Dinge meistens ganz einfache Gründe. Alte Leute sehen schlechter, sind langsamer in ihrer Reaktion, oft unsicher auf den Beinen, in der Dämmerung ohnehin. Ich hatte aber Begleiter!

Gut erinnern kann ich mich an meinen alten Freund Hubertus Rothermann. Er klagte, dass er keinen Anflug hätte. Vielleicht war er nachtblind und wusste es nicht. Tauben, Enten, Fasanen und auch Schnepfen, die bei den Herbstjagden anflogen, traf er bis zuletzt sehr gut. Aber auch er hatte – ähnlich wie der Bayernherzog – im hohen Alter immer einen langen Stock dabei. Ein Zeichen, dass er – besonders im unebenen Gelände – auf den Beinen unsicher war, ähnlich wie ich heute.

Etwas anderes. Die EU hat vor einigen Jahren ein „Monitoring" bei den Waldschnepfen angeordnet. Ich persönlich führe seit etwa 40 Jahren wesentlich ausführlichere Statistiken über jeden Jagdtag zur Schnepfenzeit auf gleichlautenden Fragebögen. Das ist eine wissenschaftliche Sammlung eines Praktikers, die ihresgleichen sucht. Mir braucht man also nicht mit Monitoring zu kommen. Ich weiß Bescheid darüber, dass es durchaus nicht weniger Schnepfen gibt als früher. Die das behaupten, kennen sich nicht aus. Man braucht nur die verschiedenen Schuss- oder Schonzeiten auf Schnepfen in den neun Bundesländern unseres kleinen Österreich betrachten. Das ist alles „hausgemacht". Nur der liebe Gott weiß, warum das so ist. Der Schnepfenjäger ist mit Sicherheit ein echter Idealist. Das Revier ist fünf bis zehn Tage schnepfenleer, dann plötzlich ist alles voll von ihnen. Ich ging bis zu meinem 75. Lebensjahr zumindest im Frühling täglich auf den Frühstrich. Da nimmt man schon Strapazen auf sich. Nach einer Saison sind meine Hände immer von Dornen zerkratzt gewesen und das geschah vom Aufsuchen des Standes bei völliger Finsternis.

In meinen guten Jahren begann ich Anfang März in Strem bei meinem Freund Sepp Fürbass. Dann ging es nach Siegendorf-Klingenbach, von dort fuhr ich nach Ungarn und nachher wieder nach Strem, aber zur kleinen Pachtjagd meines Freundes Béla Cziráky im Batthyány'schen Besitz. Ich fuhr täglich von Graz nach Strem und nachdem dort viele ungarische Landsleute eingeladen waren und man länger blieb, recht spät nach Hause. Am Schnepfenstrich schoss ich nie mehr als 28 Schnepfen im Jahr, das aber sogar zwei Mal. In meiner alten Heimat – allerdings mit einigen Buschierjagden und zwei bis drei Klopfjagden – ein Mal, 1944, 32 Stück. Doch muss man zu dieser Zahl dazusagen: Immer während der sehr begrenzten Osterferien, die 1944 aber wegen des Einmarschs der Deutschen lang waren.

Schnepfenforscher in Schweden beziffern den jährlichen Abschuss am Durchzug mit 1 bis 1,5 % der eurasischen Vögel. Wie man hört, erschlagen die immer häufiger aufgestellten, Energie erzeugenden Windräder, die sehr oft an den „Luftwechseln" der Zugvögel aufgestellt werden, mehr Zugvögel, als wir ahnen, vor allem die bei Nacht wandernden. Nach Kalchreuter ist der Abschuss am Durchzug bei den Waldschnepfen niedriger als die natürliche und durch Unfälle entstehende Mortalität.

Es ist interessant, dass man Fachleute, die wirkliche Praktiker sind und auf Erfahrungen von vielen Jahrzehnten zurückblicken, vor der Festlegung der Schuss- und Schonzeiten eigentlich nie konsultiert. Es gibt bei der Schnepfenstrichjagd niemals große Strecken, die wirklichen „Schießer" mögen sie daher nicht. Mir sind passionierte Schnepfenjäger fast ausnahmslos sympathisch, denn ich spüre die geistige Verwandtschaft. Hier möchte ich anfügen, dass durch die Jagden von Deutschen und Österreichern in ihren östlichen Nachbarländern sehr viel Verständnis und lang anhaltende Freundschaften entstanden sind. Ich habe in Ungarn auch einige echte Freunde unter überzeugten Kommunisten gefunden, aber ausschließlich durch die Jagd, über die mehr für die Völkerverständigung getan wurde als über Wirtschaft und auch Politik. Die Bekämpfung unserer Jagdtraditionen trifft die beteiligten Menschen, wird von meist uninformierten Minderheiten angeheizt und schadet auch der Völkerfreundschaft. Als jahrzehntelanger Museumsmann und Besucher vieler Jagdausstellungen kann ich immer wieder feststellen, welch großes Interesse die Jagd in unseren Tagen erweckt. Man muss die Dinge von allen Seiten betrachten, um ihren Wert zu erkennen.

Ein Septemberbock

Wir schreiben das Jahr 2013. Es war rund zweieinhalb Monate vor meinem 87er. Die Zeiten ändern sich und wir – die meisten von uns – ändern sich mit ihnen. Von mir kann ich das nicht behaupten und ich kann daran wenig „ändern". Schon mein viel zu früh verstorbener Vater mokierte sich über mich, weil ich schon als kleines Kind wollte, dass sich nichts ändern solle. Er sagte öfters: „Philippchen – per omnia saecula saeculorum." Aber die Zeiten änderten sich in meinem Leben so brutal und so schnell, dass ich auch als Fortschritts-Anhänger niemals hätte mithalten können. Als bis in mein Inneres überzeugter Konservativer musste ich durch die rasante Entwicklung einiges mitmachen. Überhaupt dann, als die alten Freunde und Weggenossen wegstarben, und ich, wo immer ich dann hinkam, meist der Älteste war. Vater war wesentlich fortschrittlicher als ich. Seine Landwirtschaft produzierte exotische Pflanzen, wie etwa Rizinus. Mehr als die ganze Landwirtschaft brachte aber sein großer Paprikagarten ein, den er südlich des „Papirtás" angelegt hatte. Täglich wurden ganze Wagen voller verschiedener Paprikasorten bei den Arbeitern der Bauxitgrube Gánt verkauft. Der Pengő war, ähnlich wie der seinerzeitige alte Schilling (auch Alpendollar genannt) ein sehr gutes Geld. Doch nicht darüber wollte ich eigentlich schreiben. Meine Leser wissen schon, dass ich manchmal langatmig sein kann.

Im Jahre 2013 wollte ich nach der Rehbrunft in Ungarn einen guten Bock erlegen. Abreisetag von Graz war der 1. September. Ich wusste, dass die alten Böcke nach der Brunft lange ruhen und faktisch unsichtbar sind, aber ich wusste auch, dass nach langem „Fasten" der Hunger sich melden würde. Oberjäger Öhlmann sagte einmal: „Vor der Brunft Feistzeit, nach der Brunft Ruhezeit, Anfang September Hungerzeit." Die Fahrt ging, wie meistens, über Slowenien, Kanizsa und Kaposvár nach Balatonfenyves, wo mich Freund Attila erwartete. Seine liebe Frau Trudi hatte sich beim Putzen mit Salzsäure den ganzen Arm arg verätzt und so kochte Attila das traditionelle Ankunftsessen.

Unser Ziel war Törökszentmiklós. In diesem Ort habe ich in den Achtzigerjahren eine herrliche Fasanenjagd, mit turmhohen Fasanen, mitgemacht.

Damals riefen bei ganz hohen Hennen (sie fliegen höher als die Hahnen) die Jagdfreunde meinen Namen und dank meiner einmaligen „Springer" kam die eine oder andere auch herunter, worauf ein „Bravo"-Geheul losbrach. Meine Full-Choke-Springerflinte Nummer 2, 1902 gebaut, verhalf mir zum „Ruhm". Ich aber wusste, dass ich meinen Ruf als guter Flintenschütze meiner „Springer" verdankte. Damals im tiefsten Kádárkommunismus wohnten wir in Szolnok und fuhren mit dem Bus nach Törökszentmiklós. Jetzt hatten wir eine sehr angenehme Pension ausgemacht, die von einem Ehepaar bewirtschaftet wurde. Gerade angekommen, musste ich mich gleich für die Pirsch umziehen und schon ging es weiter zum Jagdhaus, wo uns zwei sympathische Jäger empfingen. Sie konnten nichts Genaues sagen, denn sie hatten den gesuchten Bock schon längere Zeit nicht gesehen, waren aber guten Mutes. Dieser Bock, ihrer Beschreibung nach ein alter, ungerader Sechser, hatte relativ kurze, aber knüppeldicke Stangen und war nur am Leben geblieben, weil ein bereits angesagter russischer Weidmann am Ende der Brunft plötzlich abgesagt hatte. Auf der Fahrt in das Revier fiel mir auf, dass sehr viele Sonnenblumenfelder unseren Weg säumten, 50 bis 100 Hektar große Felder. Um Gottes Willen, dachte ich mir, wie kann man da einem alten Bock begegnen? Am Auto fiel mir auf, dass der Chauffeur rechts saß und ich links, also war es ein Wagen, der für die Engländer fabriziert wurde. Um 17 Uhr 45 sind wir losgefahren. Der Oberjäger lenkte, Attila und der junge Jäger saßen hinten. Ich stellte einige Fragen. Vor allem, wem die riesigen Felder gehörten, ob hier noch Kolchosen existierten. Nein, Kolchosen gäbe es schon lange nicht, die Felder gehörten ausländischen, wenn ich gut hörte, holländischen Besitzern. Ein bisschen bedauernd dachte ich an die vielen Jahre im nordungarischen Visznek, wo der führende Jäger Tóth Lajos auch Parteisekretär war und beruflich die Kolchose führte. Das ermöglichte es, den Geländewagen überall hin, auch in Getreidefelder zu fahren, denn alles gehörte ja dem Staat. Tóth Lajos ist ein Ehrenmann und ein Freund, er wurde nach der Wende fast einstimmig in freier Wahl zum Bürgermeister gewählt. Trotzdem ergibt sich die Frage, warum man die früher gut gehenden „Latifundien" nach einer Zeit von vier bis fünf Jahren, nachdem man sie parzelliert und aufgeteilt hatte, wieder als Kolchosen verstaatlichte. Ähnlich wie die Wälder, die nie aufgeteilt wurden, die man sofort verstaatlichte und wo die neu eingesetzten Forstdirektoren seit Jahren zusammen mit Politikern und Ausländern jagten und beste Trophäen sammelten. Bei uns, unweit von Csákberény, sah ich im gestohlenen Wald, von Forstdirektoren gestreckte Spitzenhirsche, wie sie mein Großvater in 60 Jahren nicht einmal gesehen hatte.

Ungarn hat niemandem etwas zurückgegeben, außer der Kirche. Mein Vater hat 1920 die ungarische Staatsbürgerschaft angenommen, ebenso seine Familie. Niemand hat uns diese, absolut nicht erzwungene, sondern freiwillige ungarische Staatsbürgerschaft aberkannt oder abgenommen. In Wirklichkeit sind wir Doppelstaatsbürger. Aber im Gegensatz zu Tschechien, der Slowakei und Rumänien hat man niemandem etwas zurückgegeben. Das ist der einzige, noch etwas wunde Punkt in meinem, ansonsten ausgezeichneten Verhältnis zu Ungarn. Die Dienstleistungen sind – im Vergleich zum Westen – noch immer unwahrscheinlich günstig. Wenn ich in Graz für einmal Haare schneiden 15 Euro zahle, so sind es in Ungarn höchstens 2 Euro. Und ähnlich verhält es sich am Land mit dem Quartier und dem Essen. Dies alles ist natürlich mit dem ungarischen Einkommen in Verbindung zu bringen, das im Durchschnitt, wie in allen ehemaligen kommunistischen Staaten, nicht einmal die Hälfte des Einkommens im Westen ausmacht. Die sowjetische Ausplünderung und die Ablehnung des Marshallplanes durch die Oststaaten wirken sich noch 70 Jahre nach dem Krieg negativ aus.

Nach einer langen Fahrt auf einem Feldweg zwischen den riesigen Sonnenblumenfeldern kommen wir endlich auf ein Stoppelfeld mit Unkrautbewuchs. Eine gute Äsungsfläche, auch für die zahlreichen Hasen, die wir sehen. Ungefähr in der Mitte des Stoppelfeldes befindet sich eine Schlehdornhecke, die sowohl dem Auto als auch uns Deckung bietet. Hier hat der Jäger einen niedrigen Hochstand errichtet. Das Auto wird „unsichtbar gemacht" und wir besteigen diesen Stand zu dritt, nur der junge Jäger bleibt im Auto. Links ein Maisfeld, etwa 1,20 Meter hoch, durch die diesjährige Dürre sozusagen „frühreif". Ein Kolben erreicht höchstens 15 Zentimeter Länge, aber sogar das ist schon selten. Auf diesem verunkrauteten Stoppelfeld hat der Jäger den gesuchten Bock am Ende der Brunft öfters gesehen. Es kommen weit vorne einige Rehe auf das Feld. Es ist eine Gais mit zwei Kitzen und ein Jahrling. Der Jäger meint, der Bock würde vom Kukuruz aus kommen, also von links. Bis dorthin beträgt die Entfernung etwa 150 Meter. Nach vorne 180 Meter und nach rechts über 200 Meter. Nun heißt es warten, wie wir österreichischen Jäger es ja gewohnt sind. Das Wetter ist schön, am frühen Nachmittag hat es 26 Grad. Die Sonne ist jetzt knapp vor dem Untergehen, und zwar rechts von uns, wo eine mittelgroße Sonnenblumentafel steht. Die Gedanken kommen und gehen. Bruder Feri mit Familie und Lori sind heute ebenfalls in Richtung Csákberény aufgebrochen, wohin sie von Freunden eingeladen waren. Feri wurde übrigens am 15. August 89 Jahre alt, Schwester Christl Anfang Juli 90 Jahre. Lori ist 83 Jahre und ich bin im 87sten. Feri hat zwei sehr rüstige Klassenkameraden. Der eine, Karády, war jahrelang in Magyaralmás Tierarzt und auch für Csákberény zuständig. Der andere, Mátyássy, ein viel gereister Budapester, war zeitweise auch Klassenerster. Ich selbst habe zwei Klassenkameraden, mit denen ich noch Kontakt halte. Der eine ist der in Amerika lebende Miklós Serényi, der andere Dániel Svastics, ein berühmter Tierarzt in Wien. Mit beiden, die begeisterte Jäger sind, habe ich öfters gejagt, mit Serényi korrespondiere ich regelmäßig.

Apropos korrespondieren. Der am 5. Juli 2012 105 Jahre alt gewordene Gyula (Dudás) von Nagy starb nach seinem, noch groß gefeierten, Geburtstag im September desselben Jahres. Seine schon zu seinen Lebzeiten schwer kranke Frau Sabine, wie ich viel später erfuhr, verstarb einen Monat später. Wenn es Erben gibt, so haben sie leider auf mich, der über 50 Jahre sein Freund war, vergessen. Ich erfuhr es erst in Budapest, bei einer Ausstellung im Februar 2013 durch den ehemaligen Botschafter in Santiago de Chile, der ein Freund von „Dudás" war. Es freut mich, dass ich ihn, der damals schon über 80 Jahre war, überredet habe, zuerst in einem meiner Bücher ein Kapitel und später ein Buch in ungarischer Sprache zu schreiben, dessen Titel ist: „Egy Dudás két országban", auf Deutsch: „Ein Dudás in zwei Ländern". Dieser Mann führte noch im Alter von 100 Jahren ein Export-Import-Geschäft. Er war mit Fax, E-Mail, SMS und allem, was mit dem Computer zusammenhängt, bestens vertraut. Sein Name auf Spanisch war Julio de Nagy-Fáy, wobei er durch die Familie Fáy mit dem ehemaligen Reichsverweser Horthy nah verwandt war und an dessen Fasanenjagden teilnahm. Er hat in den Dreißigerjahren in Vedrőd, das heute zur Slowakei gehört, bei der Familie Kegelvich (Tochter des Jagdherrn war die spätere Herzogin von Bayern) bei einem Rücktrieb eines Hasenstreifens 135 Rebhühner erlegt. Noch lange nachher erzählte er, dass er wegen der erhitzten Schwesternflinten öfters pausieren musste. Hätte er drei Flinten gehabt, wäre die Strecke noch höher gewesen.

Auf meine Frage nach den Rebhühnern in diesem Revier Törökszentmiklós sagte der Jäger: „Trotz Vollschonung seit 40 Jahren gibt es kaum noch welche." Er gibt die Schuld den Greifvögeln und sagte dazu, Unkrautsamen, die bevorzugte Delikatesse des Rebhuhnes, haben wir ja in genügender Menge, die Maisstoppeln stehen bis in das Frühjahr. Der zweite Grund sind die übergroßen Megatafeln der Felder mit zu wenig Feldrand. Denn das Sonnen- und Sandbad der jungen Hühner ist lebensnotwendig.

Der Jungjäger klopft leise auf die Windschutzscheibe des Autos und zeigt aufgeregt nach rechts hinten. Die Sonne ist zwar untergegangen, gegen das helle Licht des Himmels sehe ich am dunkleren Boden aber wenig. Der Jäger und Attila schauen, Ersterer mit dem Spektiv. „Da ist er", sagt er ruhig. Wie weit kann das sein? Etwa 230 Meter. Ich drehe mein Zielfernrohr auf 10, sehe den Bock aber auffallend klein, wenn ich ihn überhaupt sehe.

Denn er wechselt am Rande der Sonnenblumentafel einmal nach links, einmal nach rechts. Ich erfasse das Glück, das er überhaupt erschienen ist und will den Schuss riskieren. Nach rechts hinten zu schießen ist immer am schwierigsten. „Ach, ist der aber klein", zuckt es durch mein Gehirn, als ich mit dem Zielen beginne. Er will nicht breit stehen. Endlich tut er es. Ich halte hoch, aber nicht über den Bock und lasse fliegen. Der Bock verschwindet in den Sonnenblumen. „Unterschossen", sagt Attila. Plötzlich rattert auf dem Feldweg, über den wir gekommen sind, ein Traktor. Fährt in Richtung Nordwest und biegt dann auf einen nicht einsehbaren Weg, der im Sonnenblumenfeld von Nord nach Süd führt, nach links ab. Man sieht nur das Führerhaus. Und da geschieht das Wunder, bevor ich mir über den Fehlschuss Vorwürfe machen kann: Der Bock erscheint wieder am Rand des Feldes und wendet sich nach links. Dort ist die weiteste Entfernung bis zum Feld höchstens 180 Meter. Es ist aber inzwischen 19 Uhr 37 geworden, hier in Ostungarn schon sehr düster. Der Bock zieht weiter nach links. Mal sehe ich ihn, mal verliere ich ihn. Die Kameraden helfen mir durch Einweisen. Endlich habe ich ihn im Zielfernrohr, doch er steht nicht breit. Schon durch das Glas sehe ich, dass er jetzt viel näher ist. Endlich verhofft er, ich steche, da zieht er wieder weiter. Nun kann ich den Ellbogen gut auflegen, bitte durch Zeichen den jungen Jäger, er möge hupen. Und dieser so oft bewährte Ton lässt ihn breit verhoffen. „Wie riesig ist er", denke ich, dann ziehe ich den Abzug langsam, sehr langsam durch. Bautz ... Kugelschlag, Zeichen. Der junge Jäger sagt, er hätte am Ausschuss Schweiß gesehen. Wir alle eilen zum Maisrand. Attila findet eine Menge Schweiß, ich aber finde den Bock, der nur sechs Meter vom Rand des Sonnenblumenfeldes verendet liegt. Es ist schon eher finster da herinnen. Wir ziehen ihn daher aufs Stoppelfeld. Da liegt das Gegenteil eines Blenders. Ein alter, hochkapitaler Sechser, so wie ihn der Jäger angesprochen hatte. Aber die Stangen! Noch nie in meinem Leben habe ich so dicke Stangen gesehen. Er ist 24,5 Zentimeter hoch und die Rosen sind einfach überwältigend. Der Schuss knapp hinter dem Blatt, sowohl der Einschuss als auch der Ausschuss. Das ist der vierte Bock, den ich im September geschossen habe. Der erste war mein letzter Csákberényer Bock von der Kiscseresnyésvölgy, erlegt am 8. September 1944. Dann der Kapitalbock von Mautern am 28. September 1962 und schließlich ein sehr starker Bock im Gleichenberger Gsellwald am 16. September 1992. Gratulieren, Bruchübergabe, fotografieren. Wie schön ist dieser rote Bock, wie riesengroß unser Glück. Dass der Gefehlte nochmals zurückkam und diesmal in guter Schussdistanz, dass wir ihn überhaupt bei der ersten Pirsch erblicken und erlegen konnten, welch großes Glück. Wir Jäger neigen oft dazu, von Pech oder gar Dauerpech zu sprechen.

Aber wir müssen unendlich dankbar dafür sein, wenn uns „Diana einmal hold" ist. Man muss den Saum ihres Gewandes sofort und das erste Mal erfassen, denn eine Gelegenheit, die man versäumt, kommt niemals zurück. Zu den vom Computer ausgespuckten Daten dieses Kapitalbockes nur so viel, dass er 255 cm^3 Volumen hat. Für mich ist das Volumen wichtiger als das Gewicht oder die Gesamtpunkte, denn es verändert sich nicht mehr. Zu erwähnen ist noch, dass der Bock den Schuss auf 155 Meter bekam. Attila, der gut bei Fuß ist, hat noch den ersten Schuss distanzmäßig untersucht, indem er mit großen Schritten zum Platz des Fehlschusses ging. Der Bock stand ungefähr auf 270 Meter, da ist es kein Wunder, dass die Kugel TUG 3006, mit einem Gewicht von 11,7 Gramm, zu tief ging. Ich verlasse mich meistens auf die Angaben der Begleitjäger, diesmal gab aber auch dieser hervorragende Pirschführer eine zu geringe Entfernung an. Bis zu 200 Metern ist es egal, aber darüber zumindest problematisch. Und einen Entfernungsmesser habe ich nicht. Mein über alles geliebter und verehrter Vater hatte einmal einem lieben Gast, der 1940 einen Entfernungsmesser anpries, eine herbe Abfuhr erteilt. Er sagte: „Man muss dem Wild auch eine kleine Chance lassen."

Der Bock ist auf jeden Fall unter meinen drei besten. Mein Lebensbock ist er aber nicht, trotzdem er das höchste Gewicht hat.

Plauderei über einige meiner Hirsche

Am 11. Dezember 1944 verließen wir Csákberény. Es war die erste Flucht, die uns zunächst zu unserem zweiten Besitz nach Ikrény führte. Dann, Ende März, kam die zweite Flucht von Ikrény nach Brandhof, wo meine Eltern, mein jüngerer Bruder und ich die zwei Monate dauernde Russenbesetzung erlebten, vorher aber sämtliches halbwegs wertvolles Gut versteckten oder sogar einmauerten. Dabei half uns der unvergessene Freund Hansl Hoyos, der etwa einen Monat mit uns in Brandhof verbrachte.

Im September schoss ich mit Revierjäger Holzer einen sehr interessanten „Mönch"-Hirsch. Dieser hatte außer den an ihrer Oberfläche glänzend abgeschliffenen Rosen kein Geweih. Das war im Jahr 1945. Der „Mönch" hatte sieben Tiere bei sich und hatte normale Brunftkugeln. Die außergewöhnliche Trophäe hängt in meinem Zimmer in Graz. Ich schoss 1944–1945 insgesamt zehn Hirsche.

Dann aber kam eine lange, sehr lange Zeit der Abstinenz. Dann und wann, wenn ich auf Gamsjagden war, ergab sich die Gelegenheit, einen Sechserhirsch zu erlegen, sonst jahrelang nichts. Prinzessin Liliane von Réthy war die Pächterin von Hinterriss und mein Bruder Feri damals Jagdleiter in ihren dortigen Revieren. Später, auf Einladung von Prinzessin Liliane 1953–1954, schoss ich je zwei Hirsche. 1961 erlegte ich einen guten Hirsch auf der Löscherhuben. Die Einladung in die berühmte Löscherhuben erfolgte durch die Jagdherrin Marie Goëss-Saurau.

Dazu gehört noch eine eher lustige Geschichte. Etwa zwei Jahre später war ich wieder eingeladen. Mit dem Revierjäger pirschten wir auf eine Höhe hinauf, hinter der ein Hirsch standorttreu ausdauernd röhrte. Als wir fast den Kamm erreicht hatten, sahen wir plötzlich unmittelbar vor uns zwei Gamsbärte und darunter, am Boden liegend, einen zielenden Jäger im Anschlag. Gerade als wir uns erstaunt ansahen, knallte ein Schuss und der Jäger erhob sich vom Boden. Seine zwei Begleiter gratulierten. Es war der damals höchste Forstbeamte, dem seine beiden Begleiter gratulierten. Durch einen Irrtum in der Abstimmung der beiden Pirschen waren wir beide auf denselben Hirsch geführt worden. Als ich das am Abend der Jagdherrin

Schloss Eggenberg im August 1997, wo das vom Autor gegründete Jagdmuseum von 1953 an seinen Sitz hatte.

Autor mit Susi, der zahmen Hirschkuh im Jahr 1959

meldete, lachte sie herzlich. Meine Einladung schien aber nicht aufrecht zu bleiben, denn ich wurde nie mehr auf die Löscherhuben eingeladen, obgleich den Irrtum nicht ich, sondern das Personal begangen hatte. Der Hirsch wäre wahrscheinlich damals mein bester Geweihter geworden. Es war ein alter, abschusswürdiger Hirsch. Er wurde erlegt, und damit fertig. Ich habe es mit Humor getragen, der Begleiter aber schämte sich.

Im Jahr 1978 starb der erst 44-jährige Chef des Hauses Meran, mein lieber Vetter Hansi. Kurzfristig hatte seine Witwe die Geschäfte übernommen und lud mich im selben Jahr auf einen Brunfthirsch ein. Es war ein alter Eissprossenzehner, den ich nach einigen erfolglosen Tagen auf einer Lichtung im großen Latschenfeld der Graualm glücklich erlegen konnte. Er blieb der einzige Brunfthirsch, den ich je in Brandhof schießen durfte. Ich habe volles Verständnis dafür, dass man Abschüsse verkauft. Ich hätte ja auch gerne für einen Brunfthirsch in Brandhof bezahlt. Man ließ es mich aber wissen, dass man an Verwandte nicht verkaufen würde.

Ab dem Jahr 1981 fuhr ich zum Jagen wieder in meine alte Heimat Ungarn. Um das dafür notwendige Geld zusammenzubringen, lebte ich wie ein asketischer Einsiedler. Aber es hat sich gelohnt. Ich habe in bester Betreuung ungarischer Jäger, deren Sprache ich ja perfekt spreche, den einen oder anderen kapitalen Hirsch erlegen können. Ich lehnte es allerdings immer ab, in unserem alten Revier zu weidwerken. Das tun vor allem die hohen Forstdirektoren, in der kommunistischen Zeit Minister und Politbüromitglieder. Bei einem hohen Forstfunktionär sah ich in der Wohnung weit stärkere Hirsche, als jemals in früheren Jahren in unserem Vértesgebirge zur Strecke kamen.

Man versprach 1945, bei der durch Marschall Woroschilow im Eiltempo durchgeführten Bodenreform, dass man mit dieser den land- und forstwirtschaftlichen Arbeitern helfen würde. Die Bodenreform bei den Feldern gab dem ehemaligen Landarbeiter ein bis zwei Hektar Land, das er aber ohne entsprechendes Gerät niemals bearbeiten konnte und somit früher oder später in die Kolchose einbrachte. Beim Wald war es ganz anders. Der Wald wurde in ganz Ungarn verstaatlicht. Jagdliche Nutznießer wurden die Parteibonzen, die Minister und hohe Forstfunktionäre. Die Hoffnung, die manche (ich nicht) in die Wertegemeinschaft EU gesetzt haben, dass die verstaatlichten Wälder an die eigentlichen Besitzer zurückgegeben werden, erfüllte sich natürlich nie, ja es wurde darüber nicht einmal verhandelt. Es hätte aber zu einer Rückgabe auch in Ungarn kommen können, denn in anderen Ländern war es auch möglich. Ein Zurückkaufen durch den Enteigneten kam für uns weder pekuniär noch moralisch in Frage. So viel über die erlebte – wohl eher einseitige Zeitgeschichte.

Inzwischen sah ich jedes Jahr zur Zeit der Hirschbrunft die Trophäen auf den Dächern der parkenden Autos der deutschen Weidmänner, die das Steirische Jagdmuseum besichtigten und darum beim Schloss Eggenberg parkten. Eines Tages kam ein Postbote in mein Büro und brachte meinen besten Hirsch, den ich im Jahr 1944 erlegt hatte. Ihn hatte ein mitfühlender Jäger auf dem Dach seines Autos mitgenommen und an der Grenze per Post aufgegeben. Niemals erfuhr ich seinen Namen und seine Adresse und bin ihm noch heute Dank schuldig. Dieser Hirsch von Gizikut, den ich am 23. September 1944 mit Hilfsjäger Hendrik Schmid geschossen habe, war lange mein bester und hängt in meiner Wohnung in Graz. Die Freude über die Wiedererlangung dieser verloren geglaubten Trophäe gehörte zu den größten meines Lebens. Damit hatte ich alle Spitzentrophäen meines kurzen Lebensaufenthaltes aus Ungarn herausgebracht: den Székelyhider Kapitalbock vom 7. August 1943, den bis 2013 stärksten Keiler von der Kis-Cseresnyésvölgy, erlegt am 4. Juli 1943, und meinen letzten Csákberényer und zweitstärksten Bock, erlegt am 8. September 1944. Ich rettete auch meinen ersten Rehbock, einen hohen uralten Spießer aus dem Jahre 1941 und noch andere mir sehr lieben Trophäen, die mich an die alte Heimat erinnern, so oft ich sie sehe.

Doch zurück zu den Hirschen. In meiner Wohnung hängen 18 Hirschgeweihe. Zwei Abnorme sind darunter. Den einen schoss ich mit Jäger Csaba in Héviz. Es war schon nach der Frühpirsch – auf einen Hochstand wollten wir aber noch hinaufsteigen. Ursprünglich war ich auf einen alten, starken Hirsch gegangen. Die Hoffnung lebte noch, obgleich die Hirsche schon lange zu röhren aufgehört hatten. Die Brunft war noch nicht voll im Gange, es war der 1. September 1997. Außer mir war noch kein Jagdgast angekommen. Schon von der Leitermitte aus sah ich, dass ein Hirsch am Rande des hohen Schilfes, von uns abgewandt, stand. Vom Hochstand bis zum Schilf wuchs niedriges Sumpfgras. Als wir dann oben waren, machte der Hirsch eine Bewegung und ich erstarrte. Da stand ein völlig abnormer Dreistangenhirsch, wobei die dritte Stange oben eine Gabel hatte, und dick war er. Vergessen war der alte Kapitalhirsch, den hier musste ich haben. Nach etwa fünf Minuten stellte er sich endlich halbwegs breit und da war nach kurzem, präzisem Zielen der Schuss schon draußen. Csaba sagte, dass sich hinter dem Schilf relativ tiefes Wasser befinde. Die Kugel hatte er im Leben, das wusste ich. Bald hörten wir ein Plantschen, dann war Stille. Wer immer mich besucht, beäugt als Erstes diesen knuffigen Abnormen.

Aber ich habe noch einen abnormen Hirsch aus Héviz in meiner Wohnung. Den erlegte ich fünf Jahre später, am 18. September 2002. Diesmal führte mich der Jagdleiter Mocsári auf die Abendpirsch. Er erzählte von

Die drei Brüder bei einer Jagd in Börzsöny in Ungarn: Feri, geb. 1924; Philipp, geb. 1926; Max, geb. 1930

Teil der Trophäenwand in der Grazer Wohnung des Autors. Die Böcke sind alle um 30 cm hoch, einer 32 cm.

einem sehr heimlichen Kapitalhirsch. Wir saßen auf dem Hochstand am Rande eines verwilderten Wildackers. Attila war dabei. Bald meldete vor uns ein Hirsch mit tiefem Orgelbass. „Das ist er“, sagte Mocsári, „vielleicht kommt er heraus.“ Die Stimme näherte sich. Zuerst kam ein mittelalter Vierzehnender, aber der röhrte nicht. Er schaute immer nur nervös dorthin, von wo sich der tiefe Bass näherte. Und dann kam ein im Wildbret urig starker Hirsch heraus, doch ich sah vorerst kein Geweih! Er preschte zum Vierzehnender, stampfte mit den Vorderläufen und der gute Hirsch drehte um und sprang in die Dickung. Der Unbekannte rief ihm triumphierend den Sprengruf nach. Jetzt endlich konnte ich ihn ansprechen. Links hatte er eine verkrüppelte Gablerstange von etwa 25 Zentimetern, rechts nur die Rose, so wie der „Mönch“ vom Brandhof. Er war hier auf jeden Fall der Platzhirsch und weil er uns uralt schien, erlegte ich ihn. Das ist der Hirsch in meiner Wohnung, der am wenigsten Platz benötigt. Das für mich Neue und Interessante war bei seiner Erlegung, dass der mittelstarke Hirsch Respekt vor ihm hatte und das Weite suchte. Es gibt eben auch bei den Hirschen, unabhängig von der Stärke des Geweihs, aggressivere und vorsichtigere Hirsche. Auch Wildtiere wissen, dass man mit Brutalität und in diesem Fall auch gehöriger „Angabe“ mehr erreicht wie im ehrlichen, offenen Kampf, wie es sich sonst bei Hirschen gehört. Man lernt nie aus, auch wenn man noch so viel Jahre am Buckel hat und über eine lange gewachsene Erfahrung verfügt.

Auf grossen Jagden im Spätherbst 2013

Im Jahre 2013 wurde ich auf drei sehr gute Fasanenjagden eingeladen. Natürlich nicht in der Steiermark, denn diese Zeiten sind schon lange vorbei. Nur in der Erinnerung bleiben die schönen Jagdtage in Finkenegg, im herrlichen Brunnsee, im unvergleichlichen Lieboch, in Freybühel und Weissenegg sowie im alten Neudau.

Diesmal wurde ich das dritte Mal nach Zurndorf eingeladen, und zwar am 17. November. Ich kannte als Schütze auch die alten Zurndorfer Jagden, auf die mich mein CIC-Kollege Hoesch eingeladen hatte, sowohl die fabelhafte Rebhuhnjagd als auch die gute Fasanenjagd. Zurndorf liegt neben Nickelsdorf nahe der ungarischen Grenze an der Bundesstraße Wien–Budapest. Eingeladen hatte mich diesmal mein Freund Philipp Harmer schon in Trumau.

Das Wetter ist leider nebelig, mir persönlich allerdings angenehmer als klarer Sonnenschein. Gleich im ersten Trieb habe ich einen Stand an der linken Ecke. Links von mir steht also keiner mehr und die Fasanen kommen zu einem Großteil zu mir oder noch weiter links. Hier schieße ich bei nur einem Fehlschuss 18 Stück. Hier sind die Treiber Ungarn und auch hier sind Lader, die ich von früher kenne. Neben mir der wunderbare Schütze Hansi Wilczek. Ich ernte Anerkennung, was mir guttut. Denn die Übung von früher fehlt mir und ich war nicht sicher, ob ich mit den anderen würde Schritt halten können. In den nächsten drei Trieben erlege ich noch weitere 37 Fasanen. Ein Mal stehe ich wieder neben Hansi Wilczek, ein Mal neben Peter Szápáry, dem in Afrika mit Blumenzüchtung sehr erfolgreichen Sohn meines langjährigen Freundes László. Ich stelle nüchtern fest, dass es besser ist, nur mit einem Gewehr zu schießen, wenn der Lader gut „stopfen“ kann, denn das Gewehrwechseln mit meinen langläufigen Flinten macht mich müde. Der Schrotschütze ist, wenn er gut sein will, auf zweierlei angewiesen. Auf gute Augen und einen sicheren Stand beziehungsweise absolute Festigkeit der Beine. Bei mir hat beides nachgelassen. Nur ist Gott sei Dank mein rechtes Auge das bessere. Wegen der unsicheren Beine habe ich mir meinen Drehstuhl mitgenommen, benütze ihn zwar selten, weil ich aus alter Gewohnheit vor dem Schuss immer aufstehe. Bleibt nur die Selektion. Nicht gierig sein, keine Übereilung, nur auf das schießen, was sicher ist. In der Endsumme bleibt man zurück, aber es war mir immer das gute Schießen wichtiger als irgendeine große Strecke. Eine solche Einstellung, nämlich das Fehlen jedes Konkurrenzstrebens, steigert auch im Alter die Qualität des eigenen Schießens. Auf der Strecke liegen am Schluss etwas mehr als 400 Stück.

Sechs Tage später bin ich auf die Fasanenjagd des Fürsten Schwarzenberg nach Orlik eingeladen. Zufahrt über Linz, Budweis nach Pisek. Mein Freund Attila Szőke wird mich hinbringen. Um 13 Uhr 30 fahren wir los. Attila ist ein guter und zügiger Fahrer. Etwas nach 18 Uhr sind wir im Hotel in Pisek, wo schon der Fürst auf uns wartet. Ich muss zugeben, dass ich von seiner Tätigkeit als Außenminister und seiner Aussage gegen Beneš äußerst begeistert bin. Die ungarische Presse hat ihn darob in den höchsten Tönen gelobt. Ich machte mir die Mühe, einen solchen Artikel wortwörtlich zu übersetzen und ihm zu schicken. In Prag hat er auch nach seiner Beneš-Aussage vor der Präsidentschaftswahl knapp 80 % aller gültigen Stimmen errungen. Darauf angesprochen sagte er nur bescheiden: „Ja, die Prager, die mögen mich halt!"

Beim Essen sitze ich neben ihm. Er stellt mir die Frage: „Was hältst du von Orbán?" Ich antworte: „Unsere Familie und ich sind von dem, was er gemacht hat, begeistert." Dazu gehört die Rückgabe der Kirchengüter, die Änderung der Verfassung mit starkem Gottesbezug, die Aufstellung von Denkmälern des Reichsverwesers Horthy und so weiter. Er antwortet nicht. Einesteils aus Takt, andererseits aber steht auch der alte lateinische Spruch: „Qui tacet, consentire videtur" (für Nichtlateiner: „Wer schweigt, scheint zuzustimmen").

Mein Bruder Max ist auch hier und schießt mit dem völlig umgeänderten Schaft seiner Flinte sehr beachtlich und wesentlich mehr als ich. Leider habe ich für die besten Triebe relativ schlechte Stände gezogen. Auch hier freuen mich aber manche Paradeschüsse, besonders dann, wenn man auf hohe Nachzügler schießen kann und die Kollegen schon „ausgeschossen" haben. Das Wetter ist sehr gut und die Fasanen fliegen sehr hoch. Ich freue mich, Wolfi Ysenburg und Johannes Seilern hier zu treffen. Johannes ist ein guter und schneller Schütze, macht auch entsprechende Strecke. Sein Vater, Franzi Seilern, war ein absolutes Schießgenie. Nie vergesse ich seine Quadruplette auf Winterhühner in Andau und dass er, der nationale Skeetschütze in Herzogenburg, so nebenbei 96 von 100 Tauben schoss. Und zwar mit uns Trapschützen. Die Bürokratie verfügte aber, dass er außer Konkurrenz schoss. Hätte sie das nicht getan, wäre er, der internationale Skeetmeister in

Herzogenburg Zweiter geworden – auf demselben Trapstand, wo ich 1968 meine dritte Staatsmeisterschaft gewann. Es gibt wenige Skeetkoriphäen, die auch auf der Jagd immer gut sind, aber es gibt sie! In Orlik fallen auf der Fürsten-Fasanenjagd 720 Stück. Ich hatte knapp unter 50. Nach der Streckenlegung verabschiedet sich der Fürst. Noch nie habe ich ihn von Anfang bis zum Ende bei seiner Jagd hier erlebt. Anschließend fährt er nach Prag. Während die anderen Teilnehmer sofort nach Hause fahren, beschließen Maxi und ich, erst am nächsten Morgen abzureisen. Da unsere Fahrer einverstanden sind, ist das kein Problem. Jetzt habe ich Gelegenheit, die schöne südböhmische Landschaft eingehend zu bewundern. Zu allererst die weit zahlreicheren, schönen alten Häuser als in Österreich oder in Ungarn. Das hat sicher auch damit zu tun, dass hier kaum Kämpfe stattfanden. Als wir Budweis passieren, fällt mir ein, dass der hier wohnende Betreuer des damals verstaatlicht gewesenen Jagdmuseums Frauenberg, Herr Miroslav Landa, Ende der Sechzigerjahre bei mir in Graz zu Besuch war.

Er wollte damals das auch in der damaligen CSSR bekannte Steirische Jagdmuseum besuchen. Ich war damals ein nicht gerade überbezahlter Beamter und da meine Behörden nichts dergleichen taten, habe ich ihm Quartier und Verköstigung aus eigener Tasche (wie so vieles andere auch) zur Verfügung gestellt. Er wohnte bei mir und am Abend gingen wir in die Steiermärkische Weinstube, wo der berühmte Primas Bambó Béla aufspielte. Zu Hause besichtigten wir Fotoalben und beim Anblick zahlreicher Smokings entfuhr ihm der Satz: „So etwas habe ich nie besessen!" Da fiel es mir ein, dass ich seinerzeit in Laeken von der Prinzessin de Réthy einen ausgemusterten Smoking des damaligen Prinzen Albert geschenkt bekommen habe, der mir aber zu eng war. Kurz entschlossen schenkte ich ihm diesen bestens erhaltenen Abendanzug aus der belgischen, königlichen Hofschneiderei. Er war zu Tränen gerührt und freute sich sichtlich. Soweit die Erinnerungen an meinen Kollegen Landa. Da die offizielle tschechische Version ganz anders lautete, fiel er übrigens fast in Ohnmacht, als er die nach Österreich geretteten Hamilton-Bilder unversehrt und restauriert plötzlich im Steirischen Jagdmuseum im Schloss Eggenberg erblickte. Er erbleichte so plötzlich, wie ich es selten bei einem Menschen gesehen habe. In der damaligen Tschechei wurde nämlich erzählt, die Bilder wären von den Deutschen gestohlen worden. Tatsache ist, dass diese Gemälde von den Schwarzenbergs ins Ausland gebracht und 1953 dem Jagdmuseum als Leihgabe übergeben wurden.

Um die Mittagszeit, nach einer Fahrt von viereinhalb Stunden, kamen wir in Graz an. Ich wollte mit Attila zusammen Mittagessen, doch er fuhr die zwei (weiteren) Stunden weiter in sein Heim in Balatonfenyves, wo ihn viel Arbeit und zahlreiche Telefonate daran erinnerten, dass die Saison der Sautreibjagden begonnen hatte. Es war ein kurzer und sehr interessanter Jagdséjour, der sicher auch Attila erfreut hat.

Nun vergingen einige Wochen und ich bereitete mich auf die Jagd in Orlik bei Aki (Johannes Schwarzenberg), dem Erbprinzen, vor. Es war – nur für etwa zwölf Schützen – ein Fasanentag vorgesehen und dann folgte die traditionelle Geburtstagsjagd mit riesigen Trieben auf Sauen und mit 55 Schützen, die alle so auf niedrigen Hochständen sitzen, dass sie einander nicht in Anblick bekommen. Im Gegensatz zu normalen Treibjagden kann der Schütze überallhin schießen, außer natürlich in Richtung der Treiber und auf die Geländekanten. Diesmal schickte mir Aki seinen Chauffeur und wir fuhren nicht über Linz, sondern über Wien, wo wir den Jagdherrn aufnahmen. Er erwartete uns in der Wohnung seiner reizenden Schwiegermutter, wo wir einen Imbiss einnahmen. Doch bald fuhren wir weiter und kamen über Horn, dann durch zahlreiche malerische Ortschaften an unser Ziel, diesmal in das Tirolerhaus bei Orlik. Hier waren die Fasanenschützen untergebracht. Die anderen Schützen wohnten, wie gewohnt, in Pisek im Kapellen-Hotel, das seinen Namen von einem in der Nähe stehenden großen Marterl erhalten hatte. Dieses Mal waren zum Großteil andere Schützen, die aktuell Besten der Besten, zum Beispiel Philipp Harmer, Max Mayr-Melnhof und Max Schaffgotsch, Riprand Arco und andere, anwesend. Genau wie bei seinem Vater herrschte auch hier eine betont legere Atmosphäre. Es war schon eine Elite an Meisterschützen der Vierzig- bis Fünfzigjährigen da, wie wir uralten sagen, der „Jungen". Ich hatte als Reservegewehr meine alte Springer mitgenommen, aber nur als Reserve. Ich schoss auf diese hohen Vögel mit einer Webley, weil ich auch schon gute Erfolge mit dieser Flinte hatte.

Inzwischen bin ich auf etwas daraufgekommen: Wenn ein sehr hoher Vogel nach rechts fliegt, komme ich mit dem richtigen Vorhalten nicht zurecht. Was bleibt mir übrig, ich lasse diese Vögel unbeschossen vorbei, es gibt ja ohnehin genug. Aber nach rechts und hoch richtig mitschwingen, da macht mein steifer und verkalkter Rücken nicht mehr mit. Die Stichfasanen gelingen mir aber zum Großteil, auch wenn sie noch so hoch sind und das fällt natürlich auf. Nach der Strecke, die 903 Fasanen ergab, fragt mich der Jagdkönig Maxi Mayr-Melnhof, ob ich 100 geschossen habe. „Nein", sage ich, „meine Strecke ist 59 Fasane." An zweiter Stelle liegt Philipp Harmer mit 101 Stück. Ich bin aber mehr als zufrieden. Dafür, dass ich etliche Vögel ausließ und nur mit einer Waffe schoss, kann ich in Anbetracht meines Alters nur echte Weidmannsfreude verspüren. Dabei bin ich als ehemaliger Turnierschütze sehr selbstkritisch. Denn beim Wurftaubenschießen ist eine gefehlte Wurfscheibe unter Umständen eine kleine Katastrophe, kann sogar einen oder auch zwei Ränge kosten. Diese tief innen „sitzende" kritische Selbstbeurteilung kann man auch beim Jagdschießen nicht ganz aufgeben. Für mich steht die Regel: Je älter ich werde, desto weniger interessiert mich die Zahl des erlegten Wildes und desto mehr die Qualität der einzelnen Schüsse. Kenner werden mich verstehen.

Am nächsten Tag herrscht wiederum ideales Jagdwetter. Wir fahren zu einem zentralen Parkplatz. Moritz Oettingen und ich fahren im Auto von Max Schaffgotsch dorthin. Da das Frühstück schon um sechs Uhr war, dämmert es gerade, als wir vor Ort sind. Und hier passiert etwas, das ich in meinem ganzen Leben noch nicht erlebt habe. Es ist hier noch so dunkel, dass ich und auch Moritz das Kommende nicht bemerken. Wir haben fast völlig gleiche Gewehrfutterale. Der Jagdherr liest vor. Mit Jäger so und so fahren folgende Herren im dort parkenden Skoda. Moritz ist der zuerst Ausgerufene und nimmt irrtümlich meine Mauser. Ich weiß von nichts. Als ich das Futteral betaste, kommt mir vor, als wäre es irgendwie neuer und anders als meines. Aber ich lasse mich täuschen, umso mehr, als unser Ansteller netterweise die Büchse schultert, um mir zu helfen. Am Hochstand merke ich dann beim Auspacken aller mitgenommenen Sachen und am Gewicht der Waffe, dass eine Verwechslung stattgefunden hat. Im grünen Futteral ist ein langes, furchtbar schweres modernes Gewehr, dass Max Mayr-Melnhof Moritz Oettinger zur Probe geliehen hat. Ich bin zwar maßlos überrascht, weiß aber, dass mir eigentlich wenig passieren kann, weil ich meine Springer-Flinte dabei habe und dazu Flintenlaufgeschosse. Auch bemerke ich, dass in der Futteraltasche zwei Magazine mit jeweils acht Patronen liegen. Passieren kann mir also wenig, ich bin nicht „entwaffnet", nur ist mir diese Büchse mit achtkantigem Lauf zu schwer, um freihändig auf flüchtendes Wild zu schießen. Es kommt mir aber während des langen Triebes nichts. Anders ergeht es dem guten Moritz. Er hat zu meiner irrtümlich mitgenommenen Mauser keine Munition. Ihm kommen natürlich Sauen, wie es schon so ist. Und er kann ihnen nur zuwinken. Nach dem Trieb klärt sich alles auf. Wir geben der vorhanden gewesenen Dunkelheit die Schuld. Bei den vielen Schützen und der riesigen Ausdehnung der Triebe will der Jagdherr die Jagd relativ früh beenden, um die anstehenden Nachsuchen noch bei Licht ordnungsgemäß durchführen zu können. Ich sehe auch im zweiten Trieb nichts. Auf der Strecke liegen 203 Sauen (in freier Wildbahn). Etwa ein Drittel der Schützen hat nichts gesehen. Ja, das ist halt die freie Wildbahn mit dem Wild, das am wenigsten berechenbar ist, den Sauen. Nebenbei liegen noch neun Füchse und drei Stück Kahlwild. Für mich ist diese Jagd – so viel ich weiß – absoluter Rekord.

Für den nächsten Tag ist nur ein Trieb geplant, aber der soll fünf Stunden dauern. Das Wetter ist trüb, es hat minus 4 Grad und ein leichter Wind weht. Als ich auf meinen Hochstand klettere, stelle ich befriedigt fest, dass der Wind mir direkt ins Gesicht bläst. Alles ist gerade hergerichtet und liegt neben mir auf der Bank oder steht in den Ecken, als ich plötzlich vor mir auf etwa 50 Meter eine große Sau erblicke. Sie macht einige Schritte, dann verhofft sie und benimmt sich so, wie ich es bei vielen Keilern schon erlebt habe. Bachen sind zwar auch frei, außer führende. Ich sitze also auf dem Hochstandbrett, lege den Schal auf das Geländer und als der Keiler wieder einmal verhofft, schieße ich ihm aufs Blatt. Zeichen, Todesflucht und er ist überriegelt. Dann kommt nach langer Zeit die erste Treiberwehr. Ich versuche ihnen zu deuten, dass dort große „svinja kaputt" liegt. Aber sie reagieren nicht darauf und gehen weiter. Inzwischen kommen Hunde und ich höre ganz deutlich die Laute, wie sie knurrend der Sau an die Schwarte gehen. Linker Hand kommt eine riesige Bache mit ganz kleinen Frischlingen. Die Bache verhofft und die kleinen Frischlinge (die zu schießen wären) stehen alle zu dicht bei ihr. Ich kann keinen Schuss riskieren, da ich die Bache gefährden würde. Aber der Wechsel ist dort links. Man muss dorthin schnell schießen, denn dann kommt eine bewachsene Mulde und eine große Dickung. Nach einer weiteren Stunde kommt eher schnell eine gemischte Rotte auf diesem Wechsel. Ich schieße, ein Überläufer fällt. Den zweiten Schuss mache ich auf einen Frischling, treffe auch, aber er dreht sich so grotesk um sich, dass ich noch zwei Fangschüsse brauche, um ihn zu strecken. Dann kommt ein einzelner Überläufer am selben Wechsel. Ich erwarte ihn stehend, der Wind ist weiterhin gut. Plötzlich sehe ich vielleicht drei Meter weiter links einen Fuchs in rasender Eile die Dickung annehmen. Ich stelle die Büchse ins Eck, nehme die Springer und komme zu spät. Der Fuchs war zu schnell. Als ich mich wieder dem vorher gesehenen Überläufer zuwenden will, merke ich, dass die Bühne leer ist. Er muss mein Hantieren mit der Flinte bemerkt haben. Trotz gutem Wind, mich aber in der Bewegung gegen den Himmel eräugend. Bei der zweiten Treiberwehr zeige ich ihnen die beiden liegenden Sauen auf der Lichtung. Eine ziehen sie heraus, brechen sie sogar auf, die andere lassen sie trotz meines Einwandes liegen. Sie wird erst am Ende des Triebes von meinem anstellenden Jäger gebracht. Ich sage ihm, der wenigstens einige Brocken deutsch versteht, wo der Keiler liegt, er notiert alles und dann fahren wir zum Sammelplatz. An diesem Tag sind in einem – allerdings sehr langem – Trieb 145 Sauen gefallen. Die Länge des Triebes hat uns eher „unterkühlt". Nachdem ich dem Jagdherrn alles berichtet habe, schickt er mir den gut deutsch sprechenden Direktor der Forstverwaltung Ing. Ivan Bambuskar, dem ich alles genau berichte.

Der Keiler wird 30 Meter vom Anschuss entfernt gefunden. Das erfahre ich aber erst durch einen Anruf in Graz.

Drei Tage Jagd und das mit 87 Jahren (seit dem 12. Dezember bin ich im 88. Lebensjahr). Meine Erfahrung sagt mir, dass bei alten Menschen die Regeneration nach einer Strapaze lange dauert. Reserven gibt es keine, man schöpft aus der Substanz und diese braucht längere Zeit, um den alten Stand zu erreichen.

Zwei Tage später findet eine Weihnachtsjagd in Frohnleiten statt, an der ich trotzdem teilnehme. Ich schieße drei Fasanen. Einer kann als Schuss des Jahres bezeichnet werden. Unavisiert und nicht meldend ist plötzlich ein Hahn über mir. Ich sitze auf dem Sitzstock, werfe sitzend den Schuss vor den Hahn und er kommt mausetot herunter. Ein uralter, wilder Hahn mit zwei Zentimeter langen Sporen!

Sorgenvolle Gedanken, auch über die Europäische Union

Am Tag der Wahl zum Europäischen Parlament ist es wohl legal und logisch, einige Gedanken zur EU niederzuschreiben. Ich habe ein noch immer sehr gutes Gedächtnis. Nachdem der Erste Weltkrieg beendet war, das alte Europa mit den Diktaten von Versailles, St. Germain und Trianon zerstückelt wurde und unser letzter Kaiser mit seinen Restaurationsversuchen erfolglos blieb, schien das Haus Habsburg am Ende zu sein. Die Großmacht Österreich wurde zerteilt, die Mitglieder des Herrscherhauses enteignet, ausgegrenzt und verjagt. Erzherzog Otto von Habsburg war zweifellos ein politisches Genie und ein großer Patriot. Ihm und seinen Kontakten zu Präsident Roosevelt ist es mit zu verdanken, dass es nach dem verlorenen Zweiten Weltkrieg wieder ein Österreich gab. Er war, wie so viele Habsburger, ein „Homo politicus". Nach dem Tode des Gründers Richard Coudenhove übernahm er die Paneuropa-Union, einen damals leider eher kleinen Verein, den Otto durch seine zahlreichen Vorträge und Bücher aufwertete. Aber für ein vereintes Europa war, nach dem Entstehen der Montanunion, die Schumann und Degasperi gegründet hatten, und der Adenauer sehr wohlwollend gegenüberstand, längere Zeit niemand, außer dem Erzherzog Otto mit seiner Paneuropa-Union. Ich könnte Dutzende prominente linke Politiker aufzählen, die keine Union wollten, abwertend über sie sprachen und die Paneuropa-Union nicht allzu ernst nahmen. Dann plötzlich, wie auf einen unsichtbaren Knopfdruck hin, war von heute auf morgen die ganze rotgrüne Gegnerschaft von Paneuropa plötzlich für ein vereintes Europa. So plötzlich, dass es manchem Beobachter die Rede verschlug. Wie gesagt, ich habe ein gutes Gedächtnis und manche der früheren Gegner sind jetzt begeisterte EU-Anhänger und einige davon sind sogar noch in Amt und Würden.

Wie aus dem Nichts entstand plötzlich auf undemokratische Weise eine Kommission, die die Macht über die EU übernahm. Das Europäische Parlament in Straßburg hatte wenig zu sagen, bestand aber aus etwa 750 wohl dotierten Abgeordneten, nicht selten aus dem Fundus abgewirtschafteter

Politiker, die man sozusagen nach Straßburg hinausgelobt hatte. Otto von Habsburg war jahrelang Mitglied des Parlaments, aber nicht etwa von Österreich entsandt, sondern, dank der CSU von F. J. Strauß, von Bayern! Oft erinnerte er sich an seine Debatten mit dem deutschen Abgeordneten Willi Brandt und er sagte mir einmal, dass, wenn er Brandt durch Argumente „besiegte", dieser immer auf die „Anti-Habsburg-Keule" zurückgriff und dem brillanten Redner als letztes Argument seine Abstammung vorwarf. Brandt war für Otto von Habsburg ein rotes Tuch und es genügte, vor Otto nur seinen Namen zu nennen, um eine blendende Polemik zu „provozieren". Mit endgültiger Installation der EU vergaß man geflissentlich, dass der große europäische Friedenspolitiker General Charles de Gaulle immer für Europa war, aber für ein „Europa der Vaterländer". Der hoch gebildete und vielseitige Denker sah nämlich voraus, dass ein, von linken Kreisen angestrebtes, vereintes Europa früher oder später ein Satellit der USA werden könnte, ja müsste. Die deutsche Führungsgarnitur, ob rot oder schwarz, hielt immer zu Amerika, auch in Fragen, die nicht ganz den deutschen Wünschen entsprachen. Dabei fiel mir auf, dass Deutschland, nach Abzug der Hunderttausenden von Russen aus der DDR, noch immer ein von der USA und anderen Westmächten besetztes Land war und ist. Deutschland ist selbstständig und frei, gewiss, aber doch USA-hörig. Man vergisst dabei, dass, wenn der kalte Krieg zu einem heißen Krieg eskaliert wäre, Deutschlands östlicher Teil für Atombombenabwürfe vorgesehen war.

Ein wirtschaftlich vereintes Europa hätte wirklich viele Vorteile. Das freie Reisen, ohne Grenzkontrolle, durch die Länder Europas ist für die meisten ein Vorteil. Leider auch für die Kriminellen, die jetzt nicht mehr im dunklen Wald die Staatsgrenze zu Fuß und mit Rucksack überqueren, sondern mit dem Pkw oder Lastwagen legal über die Grenze fahren. Wenn schönes Wetter herrscht, gibt es vor oder nach der Grenze stichprobenartige Kontrollen, doch diese belästigen fast immer die unschuldigen und unbeteiligten Fahrer, selten die Schlepper und Schmuggler. Aus den inzwischen publik gewordenen Wahlresultaten ist zu ersehen, dass die bewährte Achse Frankreich–Deutschland kaum mehr gut funktionieren kann, seitdem Herr Hollande auf 16 % heruntergesackt und derzeit die stärkste Partei Frankreichs die Nationale Front Le Pens geworden ist. Ausserdem ist Sárközy im Kommen.

Ähnlich wie diese Partei haben EU-kritische Parteien in Großbritannien und Dänemark die Mehrheit errungen und in den meisten Mitgliedsländern ist die Linke im freien Fall begriffen. Es war einer der größten Fehler der EU-Kommission, gerade in jenem Moment eine Vereinigung anzustreben, in dem weithin sichtbar der Nationalismus zu wachsen begann. Denken wir nur an den Zerfall Jugoslawiens und der Sowjetunion, in dessen Rahmen jede ethnische Gruppe einen eigenen Staat gründen wollte und zum Teil auch gründete. Während man in den jugoslawischen Nachfolgestaaten einen blutigen Krieg führte, mit dem einzigen Zweck, einen selbstständigen Staat zu gründen, faselte man in Brüssel von einer Einigung Europas, offenen Auges sehend, dass die Völker etwas anderes wollten. Nichts gegen Europa mit wirtschaftlicher und reisetechnischer Einheit, aber sehr viel gegen die „Vereinigten Staaten von Europa". Den Völkern gibt Europa außer der Reisefreiheit nichts. Der kleine Mann stöhnt unter der wachsenden Teuerung. Konzerne und der immer frecher werdende Lobbyismus machen die Reichen reicher, die Mittelklasse und die ohnehin Armen aber ärmer. Man hat erhoben, dass etwa 80 % der neuen Gesetze aus Brüssel kommen, wo nicht gewählte, sondern ernannte Bürokraten das Sagen haben. Und es gibt inzwischen mehr als 30.000 EU-Beamte. Da die Korruption in der EU größer zu sein scheint, als bisher angenommen, kann man getrost annehmen, dass die Gesetzesmacher ihre Ideen oftmals direkt von einer Lobby bekommen. Diese haben Geld und Agenturen zur Verfügung und es ist anzunehmen, dass ein Teil der Gesetze im Grunde von diesen konzipiert wird. Schon das Wort Lobby ist nicht sehr alt, der Beruf eines Lobbyisten aber ganz neuen Ursprungs. Es gibt schon Menschen, die sich nicht ohne Stolz ganz offiziell Lobbyisten nennen.

Dabei wird ständig von „Reichensteuer" geredet, wie nach dem Zweiten Weltkrieg in Ungarn (als es durch die Enteignungen und Plünderungen ohnehin keine Reichen mehr im Lande gab). Im Übrigen kann man das Wort Reichensteuer ruhig mit „besonders hohe Besteuerung des Mittelstandes" ersetzen. Ein Land wird aber durch seinen Mittelstand wohlhabend. Diesen auf kalte Weise zu enteignen, ist der gerade Weg in die Pleite.

Wenn irgendwo eine Partei oder ein Politiker mehr an das Wohl seines Volkes denkt als an die zusätzlichen in rasender Eile aufgenommenen Staaten der EU – wobei ich bewusst keine Namen nennen will –, so wird sie oder er medial-konzentrisch angegriffen, wobei die Liberalen von allem Anfang an eine führende Rolle spielten. Seit wir in der EU sind, gibt es verstärkt die sogenannte „Political Correctness". Man darf auch in belanglosen Dingen nicht so reden, wie man denkt. Die Demokratie ist weit weg gerückt von uns. Es gibt keine wirklich freie Presse, keine freie Meinungsäußerung, wir werden zusätzlich in einem Maß abgehört, wie es Orwell nicht einmal zu träumen gewagt hätte.

Früher, wenn ich von Ungarn kommend über die streng bewachte Grenze nach Österreich kam, atmete ich auf. „Nun bist du in einem freien Land!" Heute ist das Gegenteil der Fall. Das ist keine Übertreibung, das ist einfach so. Glauben Sie mir, ich kenne beide Länder zur Genüge.

Zwei Dinge stören mich außerdem an der EU (die ich niemals mit Europa verwechseln würde). Das eine ist ihre areligiöse, ja antichristliche Einstellung. Dabei verdankt Europa seine frühe Zivilisation der katholischen Kirche, insbesondere den Klöstern. In seiner Verfassung ist davon keine Rede. Allein das viel geschmähte und verleumdete Ungarn hat aufgrund der Zweidrittelmehrheit der Regierungspartei eine völlig neue Verfassung geschaffen. Sie beginnt mit dem Namen Gottes („Gott segne Ungarn", die ersten Worte der Nationalhymne). Dann folgt der Dank an die Kirche, die den Nomaden-Ungarn, die sich im Karpatenbecken niederließen, beim Aufbau der Zivilisation grundlegend geholfen hat. Was man sich von der EU erhofft hat, ja was völlig natürlich in die Präambel hineingehört hätte, das fehlt in Brüssel, dafür hat sie der viel gelästerte Orbán verfassungsmäßig verankert und an die Stelle der Rákosi-Verfassung von 1949 gestellt.

Als Ludwig II. (der Große), Sohn des Königs Karl-Robert aus dem Hause Anjou, Mariazell erbaut hat, widmete er sein Land und sein Volk der „Patrona Hungariae", der Schutzfrau Ungarns. Die Segen von oben lassen auf sich warten, aber sie erreichen die Würdigen immer rechtzeitig. 45 Jahre nach dem Krieg wurde Ungarn zwar frei, seine Regierung stellten aber die längste Zeit die Postkommunisten. Seit 2010 ist es anders. Zwei Mal nacheinander errang eine Partei in makellos freien Wahlen eine Zweidrittelmehrheit. Ähnliches ist noch nie, seit es Demokratien gibt, geschehen. Und wie reagiert der „freie" Westen? Durch Wutgeheul und Schaum vor dem Mund. Schon allein diese Tatsache ist ein Beweis dafür, wo unser angeblich freies Abendland heute steht. Das Übrige tun die Medien, doch das sehen und lesen die Menschen hier ja täglich selbst. Die Alten, Erfahrenen werden beiseitegeschoben, die Jungen glauben überhaupt nichts mehr. Ich bin 88 Jahre alt. Es gibt ja angeblich Umfragen. Noch nie in meinem Leben hat mich irgendjemand nach meinen Erfahrungen gefragt. Dafür schreibe ich Bücher. Denn irgendwie muss sich ein politisch und zeitgeschichtlich interessierter Mensch ja artikulieren.

Das zweite als negativ empfundene Symptom in der EU ist die Kleinlichkeit, Oberflächlichkeit und Beeinflussung in Dingen, die die Union überhaupt nichts angehen. Man hat das Gefühl, dass manche Kommissare, deren Gehalt wahrlich nicht gering ist, beweisen wollen, dass sie etwas tun. Einmischung in Dinge, die allein die einzelnen Nationen betreffen, sind an der Tagesordnung. So zum Beispiel auch in den Belangen der Jagd, der Fischerei und des Sports. Ich möchte mich auf die Jagd beschränken. Plötzlich wird Schadwild, wie Krähen, Elstern und Eichelhäher, geschont, aber nicht in allen EU-Ländern, auch nicht in jedem österreichischen Bundesland. Durch die unfassbar enorme Zunahme der Greifvögel ist das autochthone

Federwild Europas, das Rebhuhn, im Aussterben begriffen. Ich spreche hier von unserem grauen Rebhuhn, nicht vom iberischen Rothuhn. Das agonisierende graue Rebhuhn wird aber weiter für die Jagd freigegeben. Dafür wird die Jagd auf Waldschnepfen, die nach Aussage namhafter Forscher eher zu- als abnehmen, langsam überall verboten.

Jeder Fischzüchter weiß, dass die größten Fischräuber Otter, Reiher und Kormoran die Fischzüchter an den Rand des Ruins bringen, jährlich gibt es weniger Fische. Der Kormoran ist nicht auf der Abschussliste. Da und dort wird sein Abschuss erlaubt. So zum Beispiel in Ungarn, wodurch der dortige Fischbestand rasant zunimmt. Dies ist auch nicht sehr fair für Nachbarländer, in denen dieser ja abnimmt.

Wie man hört, werden Bären und Wölfe – oft illegal – in unseren Wäldern ausgelassen. Der wilde Bär und der scheue und wilde Wolf sind kein großes Problem (obgleich jährlich im nachbarlichen EU-Land Rumänien durch Bären fünf bis zehn Menschen zu Tode kommen). Das Problem bei ausgelassenen Tieren, besonders Wölfen, ist, dass sie den Menschen nicht mehr fürchten und ihn, ähnlich eines zahmen Rehbocks, angreifen könnten. Grundsätzlich nichts gegen die eingewanderten Wölfe und Bären, wenn ihre Zahl nicht allzu groß ist. Vergleichen wir doch einmal den Schaden durch einen Wolf mit dem, der von einem Fuchs verursacht wird. Er ist vielfach größer. Trotzdem werden die Füchse seit vielen Jahrhunderten ganzjährig bejagt, der Wolf wird aber geschont. In welchen Bürokratengehirnen entstehen solche Sachen? Und der Fuchs ist trotz Bejagung an jedem Tag des Jahres seit Jahrhunderten nicht ausgestorben. Auch der Wolf wäre nicht ausgestorben, wenn das Fallenstellen verboten gewesen wäre. Nicht der Jäger mit der Büchse hat zum Aussterben des Wolfes geführt, sondern die Fallen und das Gift, was ja heute, Gott sei Dank, verboten ist.

Das illegale Aussetzen von Bären und Wölfen, die etwa aus dem Nachwuchs der zoologischen Gärten stammen und daher den Menschen nicht fürchten, ist eine echte Gefahr für die sogenannten Waldbegeher.

Das wilde Rebhuhn und der wilde Fasan werden immer weniger, wobei der Fasan weniger gefährdet ist als das Rebhuhn. Der Fasan lebt zum großen Teil in Wäldern und Remisen, ist somit den Greifvögeln weniger ausgesetzt und sowohl Insektizide als auch Pestizide erreichen ihn weniger als das Rebhuhn, das ein reiner Feldbewohner ist. Bei den Waldschnepfen ist es so, dass etwa 1–1,5 % am Durchzug erlegt werden. Sorgen bereiten die immer mehr verbreiteten, die Natur durch ihre Fremdartigkeit immer hässlicher machenden Windräder. Sie werden klarerweise dort aufgestellt, wo am öftesten Wind herrscht. Gerade dort aber sind auch die Reiserouten der Zugvögel, die, besonders weil sie in der Nacht ziehen, in den rotierenden „Ungeheuern" umkommen.

Beim Hasen ist der Grund zur Sorge weniger groß. Nach wie vor werden die meisten Hasen auf Straßen durch Autoraser überfahren. In wettermäßig guten Jahren erreichen sie in manchen Revieren fast die Abschusszahlen der Vorkriegszeit. Das bezieht sich auf das immer schon hasenreiche Weinviertel und auch auf das Gebiet südlich von Wien. In Ungarn hat es sich leider eingebürgert, dass Hasen mit Netzen eingefangen werden und nach Italien und Frankreich exportiert werden. Für Ausländer sind in Ungarn Streifjagden und Kesseljagden meist unerschwinglich. Der Feldhase ist trotzdem eine Niederwildart, die sich nicht züchten oder domestizieren lässt.

In der Jagd hat die EU eine beratende Funktion. Das Jagdgesetz ist Sache der einzelnen Staaten und Länder. Das ist leicht daran zu erkennen, dass mancherorts der „vorauseilende Gehorsam" praktiziert wird, während in etlichen Ländern die Gesetze noch hausgemacht sind. Das geht so weit, dass in unserer österreichischen „öffentlich rechtlichen" Jagd, die Landessache ist, in jedem Bundesland andere Abschussgesetze erlassen werden. Die idealistischen, bescheidenen und passionierten Waldschnepfenjäger können darüber ein Lied singen.

Doch zurück zu anderen Belangen der EU-Einmischung. Die Stahlschrotverordnung ist eine solche, ebenso wie die von Lobbyisten stammende Glühbirnen-Verordnung. Beide bringen mehr Gefahren als Nutzen. Es ist in der EU immer dasselbe. Es sind immer die Konzerne und Lobbys wichtiger als die menschliche Gesellschaft, die man früher, als die politische Korrektheit nicht existierte, das Volk nannte.

Die EU nimmt auf eine Reihe von christlichen Feiertagen keine Rücksicht und will auch alle christlichen Symbole verbieten, was ihr hoffentlich nicht gelingen wird, obgleich der jetzige Präsident des EU-Parlaments dies in seinem Programm hatte. Etliche Parteien und Gruppen innerhalb der EU-Staaten wollen ganz offen die Vereinigten Staaten von Europa errichten. Man kann Völker zwischen Bulgarien und England mit ihren gewachsenen und völlig anders gearteten Kulturen nicht in einen vereinigten Staat zusammenpressen, zu Einheitsbrei zermalmen. Wirtschaftliche Einheit, Reisefreiheit, ja. Aber damit muss es genug sein. Auch im Interesse der Planer, denn sonst zerfällt die Union bald von selbst.

Ich möchte einen Vergleich in den Raum stellen. In Amerika gibt es die Vereinigten Staaten. Ein mit viel Macht ausgestatteter Präsident, das Repräsentantenhaus und der Senat regieren zusammen mit der alle vier oder acht Jahre ausgewechselten Administration und Regierung das Land. Diese

Union hat eine Armee, eine offizielle Sprache und sehr ernst genommene Gesetze, die die persönliche Freiheit schützen. Aber darüber, ob ein Staat innerhalb der USA die Todesstrafe einführt oder nicht, entscheidet der jeweilige Staat und nicht die Union. Bei uns wollen die Machthaber in Brüssel den einzelnen europäischen Saaten vorschreiben, welche Glühbirnen sie verwenden dürfen, ja müssen, welches Wild abgeschossen werden darf, wie gekrümmt die Gurken in der EU sein müssen. Und außerdem noch vieles andere. Sehen Sie den Unterschied? Hier eine Union, die den einzelnen Staaten die Freiheit gibt, über die Todesstrafe zu entscheiden. Bei uns eine Union aus völlig verschiedenen Sprachen und Staaten, denen man nicht einmal die Freiheit lässt, die gewünschte Glühbirne zu erwerben. Natürlich stehen dahinter die Lobbyisten, natürlich will jemand sich dabei bereichern.

Und nun zum Schluss: Europa ist mit fremden, außereuropäischen Menschen übervölkert. Dass alle legal einwandern, ist ein Märchen. Die überstürzte Aufnahme aller osteuropäischen Staaten, und die weitere Aufnahme der meisten in die von den USA geführte Nato, die dort sofort militärische Stützpunkte errichtet, verärgert Russland.

Auch dahinter stehen, wie hinter so vielem, die USA, die in der Türkei Stützpunkte haben. Wo sind da die europäischen Interessen? Der Präsident der USA, dem man auf seine schönen Reden hin den Friedensnobelpreis verlieh, glaubt vielleicht, Herr der Welt und auch Europas zu sein. Ob er sich nicht täuscht?

Fuchsriegler bei Schnee im Hochwinter 2013

Wieder ist ein Jahr wie im Fluge, mit Freuden und Sorgen, vorübergegangen.

Der Januar geht dem Ende zu, die Tage sind schon sichtbar länger geworden. Wieder haben wir einen recht wechselhaften Winter. Die Steiermark, das Burgenland und West-Ungarn bekamen nach einem längeren Regen einen gehörigen Patzen Schnee. „Autoputzer" und Schneeschaufler ächzen, Schneepflüge stören die Winteridylle mit ihrem Lärm. Die Bäume biegen sich unter der Schneelast. Der passionierte Fotograf freut sich, besonders wenn die Sonne hinter Wolkenschleiern hervorguckt. Es gab Winter, da hatten wir Ende Januar schon Schneeglöckchen, heute gibt es auch Blumen, aber weniger geliebte. Es sind „Eisblumen" auf den Windschutzscheiben der Autos. Es genügt also nicht, nur den lockeren Pulverschnee wegzubürsten, darunter ist alles vereist. Aus Balatonfenyves meldet man noch mehr Schnee, gegen Budapest hört er auf und zwischen Donau und Theiss fehlt er ganz. Mir schrieben meine Jagdfreunde aus Makó, dass sie dort schon seit Jahren keinen so milden Winter gehabt haben. Das Rehwild ist in bester Kondition, es gibt da und dort schon Sechserböcke (natürlich im Bast) zu sehen.

Es ist Sonntagnachmittag, als ich in meinem Quartier in Balatonfenyves eintreffe. Es ist bewölkt und windstill. In der Abenddämmerung kehren einige wenige Wildgänse von den Feldern zum fast eisfreien Balaton zurück. Wie Attila sagt, waren um Weihnachten wesentlich mehr zu sehen, aber die zwei Schneestürme und der viele Schnee haben sie vertrieben. Ab heuer sind in Ungarn die Graugänse auch frei. Die Ungarn haben es mit der Stahlschrotverordnung ganz anders gehalten als zum Beispiel Österreich. Hier ist es verboten, innerhalb einer Entfernung von 150 Metern von einem Gewässerrand mit Bleischroten zu schießen, außerhalb dieser Zone darf man das. Bei uns wird auch die Bekassine als Wasserwild bezeichnet und darf nur mit Stahlschroten beschossen werden. Ob die Edelbürokraten – von Land zu Land andere Vorschriften fabrizierend – überhaupt wissen, dass in Österreich nur im kleinen Burgenland Bekassinen frei sind?

Um neun Uhr treffen wir uns beim Haus des Jägers Tibor. Gyula und Jani sind auch mit Begeisterung dabei, alle drei sind erfahrene Fuchsjäger. Die Hunde schnuppern an meiner Hose, sie wissen, dass es heute auf „ihr“ Wild, auf den (getriebenen Winter-)Fuchs geht. Immer wieder verblüffen mich die Intelligenz unserer Jagdhunde und auch ihr Erinnerungsvermögen. Erstens erkennen sie den wirklichen Jäger sofort und zeigen nach etlichen Jahren des gemeinsamen Weidwerkens echte Wiedersehensfreude. Jeder dieser drei Hunde, zwei Deutsch-Kurzhaar und ein Drahthaar, hat seine eigenen Talente und auch Aufgaben. Der eine bellt (leider sehr leise), wenn er auf eine frische Fuchsspur kommt. Der andere hetzt den Fuchs, wie sonst Hunde im Allgemeinen die Sauen hetzen. Der dritte apportiert den möglicherweise schwer angeschossenen Fuchs, sofern er nicht in seinem Bau verschwunden ist, mit hundertprozentiger Sicherheit. Jedenfalls wissen unsere vierbeinigen Jagdfreunde genau, worum es geht.

Im Februar vorigen Jahres stand ich wartend in der Nähe eines uns bekannten Baues. Lange tat sich nichts. Dann plötzlich – ungefähr 50 Meter von meinem Stand weg – stieß der „Hetzer“ auf einen tief schlafenden Fuchs, der sofort zum Bau wollte, mich aber sah und zu Attila abbog. Der Hund war zuerst zwei Meter hinter ihm, dann, als er seitlich ausbrach und wendete, unmittelbar hinter ihm, sodass ich nicht schießen konnte. Es war anscheinend ein Fuchsrüde, der die Strapazen der Ranzzeit im Schilf ausschlafen wollte.

Jetzt, Ende Januar/Anfang Februar, ist ein Großteil der von den Füchsen so geliebten Schilfdeckungen von den Schneemassen niedergewalkt, bietet also kaum Deckung. Dabei ist es so kalt, dass man auch Schilfteile treiben könnte, wo sonst Wasser und Morast das Treiben verhindern würden. Jetzt ist eine solide Eisdecke vorhanden, aber kaum mehr Schilf. Sicher – so nehmen wir an – sind die Füchse also in den Dickungen der Wälder.

Der erste Trieb. Ich stehe, in einen grünen Anorak gekleidet. Vor mir ein Graben, mäßige Aussicht. Schon nach zehn Minuten erscheint, von rechts kommend, ein mir sehr stark vorkommender Fuchs und verschwindet – was glauben Sie, wo – im Graben. Dann scheint er etwas zu merken, verlässt den Graben, überquert mit großer Geschwindigkeit eine etwa drei Mal drei Meter große Blöße. Ich schieße und der Fuchs überschlägt sich. Ich sehe ihn zwar nicht liegen, aber ich bin mir meiner Sache (Springer und Brunnsteiner 3,5 mm) sicher. Während die Treiber näherkommen und den Fuchs sofort verendet finden, bin ich auf sie fokussiert und übersehe einen hoch ansegelnden Fasanenhahn, werfe ihm zwar einen Schuss nach, doch bleibe damit zurück. Im nächsten Treiben stehe ich auf der sogenannten „Brust“, gut gedeckt und durch den hellen Schneeboden weit hineinsehend.

Links an der Flanke, wo Attila mitstreift, höre ich zwei einzelne Schüsse. Tibor schießt einen zurückstreichenden Fasanhahn. Dann bringen die Treiber einen Fuchs, den Attila zwar auch mitstreifend, geschossen hat. Ich freue mich ehrlich über sein Weidmannsheil, gratuliere herzlich, wobei ich erfahre, dass er auch meinen Fuchs gesehen hat.

Im nächsten Trieb kommt jeder von uns zu gutem Anblick, aber die Füchse sind schneller und es fällt kein Schuss. Noch immer ist es trüb und so düster, dass ich Niederschlag befürchte. Unweit des Dorfes Kéthely stellt sich Attila hinter mich. Es fängt leicht zu regnen an. „Ólmos eső", sagen die Ungarn. „Gefrierender Regen", würden wir sagen. Bei den Treiberjägern fallen Schüsse. Wahrscheinlich auf Eichelhäher, die natürlich in Ungarn nicht geschont sind, so wie bei uns. Ich sitze auf meinem alten Sitzstock, denn das Gehen im teilweise einbrechenden Schnee war anstrengend. Da schlägt mir Attila auf die linke Schulter. Im Schnee sehe ich einen starken Fuchs in rasendem Tempo am Rand des Waldes, aber noch auf der Wiese, von links nach rechts passieren. Auf meinen hingeworfenen Schuss schlägt mir nun (der stehende) Attila auf die rechte Schulter. Gleichzeitig ein harter Händedruck. Ich habe mit der alten Springer diesen Fuchs wie einen Hasen rouliert. Und schon kommt quer über das Feld der zweite Fuchs. Die Füchse haben es leicht, sie brechen nicht ein, die Spuren sind sogar kaum zu sehen. Diesen Fuchs erwarte ich im Halbanschlag, warte, bis der fast spitz anrennende Rüde nach rechts wendet und im Schuss überschlägt er sich. Inzwischen hat es stärker zu regnen begonnen. Man muss stehen, denn beim Sitzen werden Hose und Unterhose schnell nass. Um 16 Uhr legen wir Strecke. Es liegen fünf Füchse und zwei Fasanen.

Für den nächsten Tag ist im Revier Somogyszentpál ein Trieb geplant. Wenn das Wetter es zulässt, auch mehrere. Nach gutem Abendessen sehe ich fern. Das ungarische Fernsehen ist immer unterhaltend. Neben alten Filmen, die man bei uns höchstens am Vormittag bringt, sind es die Kabaretts, die mich ergötzen. Doch auch die Nachrichten sind, weltweit gesehen, interessant. Besonders, dass unser Fürst Kary Schwarzenberg bei der Präsidentenwahl in Tschechien ins Finale gekommen ist. Eine bravouröse Leistung für den älteren Herrn, der als Außenminister jede Woche etliche Flüge und Konferenzen zu bewältigen hat. In allen Städten ist er in Führung, in Prag erreicht er jetzt sogar 70 Prozent.

Der nächste Tag beginnt sonnig und kalt. Als alter Ungarnfahrer, speziell in die Gegend um den Plattensee, kenne ich jedoch die hiesigen Tücken des Wetters. In Graz braucht eine Wetterumstellung viele Stunden, oft einige Tage. Hier kann sich alles schnell ändern. Heute nehme ich einen weißen „Doktormantel" mit, der mir schon oft bei Winterfuchsjagden geholfen hat. Aber ich habe einen dunklen Muff, eine dunkle Pelzkappe und dunkle Thermostiefeln. Das Fahren ist sogar mit dem Geländewagen schwierig, die am Vortag bei weichem Schnee und dem Eisregen entstandenen Reifenspuren sind gefroren und tückisch. Ich stehe im grellen Sonnenlicht, muss meine Sonnenbrille nehmen. Hinter mir der Bahndamm. Links vorne ein schütterer Wald, in dem man wegen des Schnees gut hineinsieht. Rechts ein Feld, aber am Rande des Feldes eine etwa einen Meter breite Goldrutendeckung, sozusagen als „Umrandung". Fasanen kommen, meist Hennen, aber dazwischen ein herrlicher Hahn, den ich, da er ohne zu melden erscheint, übersehen habe. Hinten fällt ein Schuss. Nach etwa weiteren fünf Minuten erscheint am Rande des Feldes ein hoch flüchtiger Fuchs, halb gedeckt durch Goldrute und Feldkante. Er ist nicht allzu nahe, rouliert und wird aber wieder hoch. Am zweiten Schuss fällt er wieder und wird nochmals hoch. Ich sehe große Schweißspritzer. Die Jäger kommen und nehmen sofort die weithin sichtbare Schweißspur auf. Er war so getroffen, dass er rechts und links stark schweißte. Endlich schnappt ihn Gyulas Hund, kriegt aber noch einen schmerzlichen Biss in den Vorderlauf. Jetzt wird ein Trieb genommen, den man wegen des immer mehr aufkommenden Nordwindes anders nehmen muss als ein Schilf, das noch steht und rechts und links Dickungen aufweist. Ein Fuchs wird gesehen, ein Fasanenhahn gefehlt. Nun begeben wir uns zum Bahn-Trieb, wobei des Nordwindes wegen mein Stand auf der südlichen Seite vorgesehen ist. Etwa dort, auf jener Lichtung, wo ich am 29. Februar 2012 den Elf-Kilogramm Fuchs erlegte. Schon als die anderen Jäger weg sind und ich einen längeren Weg auf der Allee zu Fuß zurücklege, merke ich, dass der Wind total umgedreht hat und mir mitten ins Genick bläst. Die Jäger sind schon zu weit weg, denn sie wollen den oberen Trieb und den Bahn-Trieb in einem nehmen. Attila stellt sich auf den Bahndamm, wo er schon im Vorjahr seinen Fuchs geschossen hat. Den Wind im Nacken versuche ich mich, so weit wie möglich nach Westen zu stellen. Dabei kommt mir das Gelände entgegen. Rechts, zwischen Allee und Bahn ist der altbekannte Fuchstrieb. Man sieht massenhaft Spuren. Links ist eine Dickung, die gegen Süden immer schmäler wird, dann aufhört. Wenn ein Fuchs die Dickung nimmt, so wäre das ein möglicher Fluchtweg, wo sich beide treffen. Aber im Wald selbst nehme ich Aufstellung, und zwar so, dass ich auf die Allee und auch in beide Teile des Triebes sehe, was bei Schnee gut möglich ist. Ich spekuliere darauf, dass Attila des veränderten Windes wegen weit zurückgeht und dass vielleicht ein Fuchs von ihm hochgemacht wird, wenn er seinen Wind bekommt. Ich bin gut gedeckt und sehe auf 100 Meter, unweit einer großen Eiche, drei Füchse nacheinander auf demselben Wechsel vom großen schütteren Triebteil in den dort noch breiten, aber dicken und gegen mich schmäler werdenden Streifen hinüberwechseln. Wenn die Treiber näherkommen und nach vorne treiben, könnte auf dem sichtbaren Wechsel doch der eine oder andere bei mir erscheinen. Ich habe den „weißen Doktormantel" an und stehe in voller Konzentration. Störend ist der ständig schlechte Wind, den ich auf der linken Seite meines Genickes spüre. Da erscheint plötzlich im Schnee auf 30 Schritt vor mir ein Fuchs, setzt sich nieder und windet. Ich hätte sofort einen Schnappschuss auf ihn abgeben sollen, aber ich schieße ungern auf sitzende Füchse oder am Stich ankommende Füchse. Warte, indem ich die Flinte in Zeitlupentempo hebe. Umsonst. Er sieht mich zwar nicht, bekommt aber Wind und mit einem Sprung in die Dickung entschwindet er. Ja, ja, ich weiß, warum ich den getriebenen Winterfuchs so liebe. Er ist durch seine besseren Sinnesorgane dem Menschen überlegen und ich bin sicher, dass er die Treiber und den Laut gebenden Fährtenhund schon lange wahrgenommen hat. Es bleibt mir nichts übrig, als weiter angespannt zu warten.

Man muss dem Schöpfer immer dankbar sein. Erstens die gute Luft, wie sie in Graz nur selten vorkommt. Dann die Stille, die auch durch die Schneedecke hervorgerufen wird, und schließlich das hoffnungsvolle Warten auf den heiß ersehnten Rotrock, von dem man nicht weiß, ob er kommt, wann er kommt, wie und wo er kommt. Denn die Jagd ist Vorfreude, Hoffen bis zuletzt, keine Sekunde im Revier ist umsonst. Das Nachdenken beeinträchtigt meine große Aufmerksamkeit nicht. Und ich werde wieder bekommen, was ich verdient habe, belohnt für das Harren und die Konzentration. Es kommt ein Fuchs, näher als der andere, stärker nach der Statur. Er sieht mich nicht und ich kann ihn mit der guten alten Springer, die jetzt 110 Jahre alt ist, erlegen. Fünf Füchse an zwei kurzen Jagdtagen, getriebene Winterfüchse im Schnee, so wie ich sie liebe. Ist das kein Grund zur ungetrübten Weidmannsfreude? Dieser starke Rüde hatte neun Kilogramm.

Am selben Tag fielen drei Füchse, also zusammen acht an zwei Jagdtagen. Mein 87. Lebensjahr hat gut angefangen. Meine Freunde Attila und die Berufsjäger freuen sich mit mir. Diese Art zu jagen, also quasi Mann gegen Fuchs mithilfe von drei Hundeführern ist mir lieber als der Nachtansitz bei Mond oder das Fuchssprengen mit dem Bauhund. Ich habe das Gefühl, man gibt dadurch diesem seit Jahrhunderten verfolgten, edlen Wild etwas mehr Chancen.

Diese Art, Füchse zu jagen, gehört in meinen Augen zu den Resten des echten, unverfälschten Weidwerkes. Für mich gibt es kaum etwas Aufregenderes, als wenn am selbst ausgesuchten Stand plötzlich ein roter Fuchs im Pulverschnee erscheint. Meine Gesinnungsgenossen denken ebenso.

Über das Orbán-Regime in Ungarn

Westliche Reisende wunderten sich vor der Wahl 2010 in Ungarn über die Massendemonstrationen für Orbán. Es war vor jener historischen Wahl 2010, bei der die Orbán-Partei Fidesz und die mit ihr in Koalition stehende Christlich-Demokratische Volkspartei erstmals die absolute Mehrheit errungen hatten, und zwar eine Zweidrittelmehrheit mit mehr Stimmen für Orbán als für alle anderen Parteien zusammen.

Im Frühjahr 2010 ereignete sich in Ungarn ein wahres Wunder. Das erste Mal errang eine bürgerlich-konservative Partei in freien Wahlen die Zweidrittelmehrheit. Eine Sensation, die es noch nie in Europa gegeben hat. Man dachte naiver Weise, dass sich der Westen oder zumindest die konservativen Volksparteien darüber freuen würden. Das Gegenteil geschah. Wie auf Knopfdruck fing die Presse fast im gesamten Westen an, über Ungarn herzufallen und die Fidesz-Partei des Viktor Orbán auf das Wüsteste zu beschimpfen. Ganz bösartig, sozusagen mit Schaum vor dem Mund, griffen einige EU-Abgeordnete die neu gegründete Regierung Orbáns an, worüber sich die Ungarn, die diese Kampagne überrumpelte, mehr als wunderten. Mir fiel ein, dass gerade wir Österreicher dem Ministerpräsidenten Orbán ewigen Dank schulden. Denn als die ungerechte und antiösterreichische Angriffswelle, zur Zeit als Schüssel es wagte, mit der Freiheitlichen Partei eine Koalitionsregierung zu bilden, über uns hinwegrollte, war es der damalige Premier Orbán, der uns energisch verteidigte, neben ihm noch die Bayern unter Stoiber, die Kroaten unter Tudjman und die historischen Freunde in Polen. Die Tschechen mit dem Rucksack der Beneš-Doktrin im Nacken, noch kein EU-Mitglied, schlossen sich dagegen dieser Kampagne an. Orbán riskierte nebenbei viel, denn Ungarn wollte in die EU und seine Verteidigung der Österreicher konnte falsch verstanden werden. Man hätte die Aufnahme Ungarns auf die lange Bank schieben können. Man verweigerte damals den Österreichern den Handschlag, versuchte sie auszugrenzen. Dabei war, meiner Meinung nach, Schüssel einer der erfolgreichsten Kanzler der zweiten Republik. Die vom Ausland aufgefütterte kommunistische Anarcho-Szene organisierte jeden Donnerstag Demonstrationen, wobei der Slogan „Widerstand, Widerstand, Schüssel, Haider an die Wand" war. Damals war Herr Strasser Innenminister. Gegen diese gefährliche Morddrohung unternahm er nichts. Das habe ich mir sehr genau gemerkt. Die Sanktionen mussten schließlich abgeblasen werden. An Orbáns energische Hilfe erinnert sich heute niemand mehr. Er und seine Mitkämpfer gingen 2010 nach der Wahl sofort ans Werk. Zuerst wurde eine neue Verfassung geschaffen, anstelle der stalinistischen aus dem Jahre 1949, in der der „große" Stalin und sein treuer Helfer Rákosi gelobt wurden. In dieser neuen Verfassung lautete der erste Satz: „Gott segne Ungarn." In der Präambel wurde die einmalig großartige Hilfe der Kirche und der Klöster bei der Einführung der Zivilisation hervorgehoben. Ein rotes Tuch für die atheistische und als fortschrittlich getarnte Presse, wobei ich auch die Weltpresse meine. Orbán und seine Mitarbeiter gaben der Kirche ihr enteignetes Vermögen zurück, zahlten einen Großteil der Staatsschulden, wobei per Gesetz auch ein Großteil der ausländischen Banken sowie Neureichen, die sich jahrzehntelang in Ungarn bereichert haben, zur Kassa gebeten wurden. Der stellvertretende Ministerpräsident Dr. Zsolt Semjén erwähnt vier Gründe, die vom Westen gegen die bürgerliche Partei Orbáns in unerbittlichen Hass münden:

Erstens mögen die Reichen die Ungarn nicht, weil Orbán vom Anfang seiner Regierung an „unorthodox" agierte. Die Lasten wurden nicht dem einfachen Volk aufgebürdet, sondern eben jenen, die sich schon lange in Ungarn bereichert haben. Die multinationalen Firmenimperien fürchten vor allem, dass das ungarische Beispiel auch in anderen Ländern nachgeahmt wird. Wenn Orbán seine Regeln durchzieht und durchhält, ja sogar dabei den allgemeinen Wohlstand ankurbelt, werden andere Staaten folgen. Das fürchten die Multis, Konzerne sowie Großkapitalisten und die Banken.

An zweiter Stelle soll erwähnt werden, dass die „68er" grünroten – auch schon älter gewordenen – ehemaligen Straßenkämpfer und Anarchisten, heute vielfach in einflussreichen Positionen sitzend, es einfach nicht ertragen können, dass eine mitte-rechts stehende demokratische Partei in Europa – erstmals – eine Zweidrittelmehrheit erringen konnte. Man spricht von der Diktatur der Zweidrittelmehrheit und vergisst, dass sie durch lupenreine Wahlen zustande kam. Man vergisst in diesen Kreisen schon lange, dass man in einer Demokratie lebt. Man wollte weiter nach der eigenen postkommunistischen Art leben und denken, ohne Widerstand das eigens geschmiedete politische System annehmen, welches nun von einer Mitte-Rechts-Partei durch ihre Zweidrittelmehrheit vernichtet wird.

Der dritte Grund für den „Orbánhass" ist, dass die Fidesz und die Christlich-Demokratische Volkspartei KDNP eine durch und durch von christlichem Denken durchwobene Verfassung geschaffen haben. Nach der Auffassung der grünroten Liberalen ist der Glaube im Absterben, die Familien werden aufhören zu existieren, Schwule und Lesben werden durch Medien hochgejubelt. Diese durch viele, leider zu viele Medien unterstützte Auffassung hält eine familienlose, glaubenslose, antipatriotische Lebensauffassung als Fortschritt, Orbán als Apostel des Rückschrittes (mit marxistischer Bezeichnung) und der Reaktion.

Die vierte Orbán-Keule wird von jenen geschwungen, die ständig ins Ausland rennen und dort die Regierung Orbán schlechtmachen. Diesmal nicht nach dem Osten, um die Russen hereinzuholen, sondern in den Westen, wo die Degeneration und der Verfall der Tradition langsam zur Doktrin werden. Und es sind nicht wenige, die das tun. Soweit der hervorragende und überaus fleißige Dr. Zsolt Semjén.

Aus eigener Beobachtung heraus kann ich sagen, dass unter den Berufsjägern etliche Orbán-Feinde zu finden sind. Kein Wunder, sie hatten etliche Privilegien und wurden vom abgewählten und von Kommunisten geführten Regime in gewisser Weise verwöhnt. So wie es mir nach dem Krieg auffiel, dass unter den deutschen und österreichischen Jägern etliche Sympathisanten des Nazi-Regimes waren – eine Zeitlang zumindest –, so fiel es mir als langjährigem Jagdgast in Ungarn auf, dass in jenen Kreisen die Sympathien für Orbán nicht so groß sind. Aber die Mehrheit ist zweifelsohne auf Orbáns Seite, das wage ich jetzt, vor den zweiten Wahlen 2014, zu behaupten.

Die Postkommunisten unter Gyurcsány, Bajnai und Mesterházy sind restlos zerstritten. Gyurcsány musste damals gehen, als eine Geheimrede, die er auf einem Parteitag hielt, durch eine Indiskretion eines Teilnehmers, der sein Abhörgerät betätigte, in die Öffentlichkeit kam. Darin beschimpfte er das Volk pauschal und bekannte, dass er die letzten Jahre – früh, mittags und abends – nur gelogen hat. Auch die von ihm eingesetzte Prügelpolizei anlässlich einer gegen ihn gerichteten Demonstration bleibt unvergessen. Gyurcsány, der früher Führer der Jungkommunisten war, konnte und wollte sich nicht von der Macht trennen. Es heißt, dass er steinreich, ja sogar Multimillionär sei. Von der Macht, wie gesagt, wollte er sich aber nicht trennen. So gründete er eine neue Partei, die sich nach außen hin demokratisch nennt und die durch diese Spaltung logischerweise die vorher wie ein Block einige Linke schwächt. Der unermüdliche Orbán mit der absoluten Zweidrittelmehrheit im Rücken hat aber noch eine Karte im Ärmel. So wurden die Auslandsungarn in der Slowakei, der Karpato-Ukraine, in Siebenbürgen und in der Wojwodina gefragt, ob sie nicht die ungarische Staatsbürgerschaft annehmen würden, denn die ungarische Regierung bietet diese an.

Die Beantwortung war unerwartet groß und bewegt sich bei 500.000 Stimmen, die noch anwuchsen, als die Auslandsungarn erfuhren, dass sie als Doppelstaatsbürger von nun an in Ungarn das Wahlrecht hätten. Später wurde allen Auslandsungarn in der Welt die Staatsbürgerschaft angeboten. Damit hat Orbán nicht nur patriotisch, sondern auch staatsmännisch klug gehandelt. Die 1947 bis 1948 und 1956 bis 1957 ins Ausland geflohenen Ungarn, die den Kommunismus nicht mehr ertragen konnten, runden die Zahl nach oben noch wesentlich ab. Die Auslandsungarn fühlen sich ihrer Heimat verbunden und werden mit Sicherheit mehr Gewicht haben als jene Intriganten, die im Ausland, vor allem in der EU, gegen Orbán hetzen. Die wirtschaftlichen Daten zeigen ohne Zweifel, dass es bergauf geht. Es gibt in Ungarn wieder Freude am Arbeiten, weil die Arbeit Früchte trägt. Durch die Aufregung über Putins Invasion in der Ukraine ist der Fokus der Weltpresse von Ungarn weggerückt. Man hat bei Nato, EU und in den Redaktionen heute andere Sorgen.

Ich habe dieses Kapitel über Orbán lange vor der Wahl 2014 geschrieben. Meine mehrmaligen Aufenthalte in Ungarn gaben mir zwar für die Wahl im Frühjahr ein recht gutes Gefühl, mehr aber nicht. Noch nie haben nach den kommunistischen und nichtkommunistischen Zeiten Parteien zwei Mal nacheinander gesiegt. Eine Zweidrittelmehrheit hat es bei freien Wahlen, wie schon gesagt, noch nirgends und nie gegeben. Und dass die Wahlen korrekt, fair und wirklich geheim und frei waren, dafür bürgen die eigens aus aller Welt eingereisten Beobachter, vor allem der EU. Sogar die Parteien der Opposition betonten dies immer wieder. Ja, sie rechneten sich sogar immense Zuwächse aus, hatten aber den wirklichen Kontakt mit dem Volk schon längst verloren. Und es geschah das Wunder. Orbán und seine Partei, liiert mit der Christlich-Demokratischen Partei, errangen wirklich ein zweites Mal die Zweidrittelmehrheit, eine weltweite Sensation, die nur von wenigen korrekten Medien als absolute Einmaligkeit bewertet wurde. Die Postkommunisten rasselten auf unter 20 Prozent hinab, obgleich Orbán und seine Partei von der ganzen linken Riege Europas und vielen Sprechern der EU laufend und ohne Unterlass schlecht gemacht wurden. Weniger von den Arbeitervertretern, vielmehr von den bürgerlichen Parteiführern, deren Fahne Orbáns konservative Partei jahrelang hochgehalten hatte. Man nannte seine Partei nach dem zweiten Wahlsieg ungeniert eine rechtspopulistische Partei. Populistisch heißt, streng genommen, einer, der für das Volk da ist. Eine Ausdrucksweise, die heutzutage als Schimpfwort gilt. Die arg ramponierte Demokratie, eine „Conditio sine qua non“ für die sogenannte westliche „Wertegemeinschaft“, hat im Westen eindeutig eine linke Schlagseite bekommen. Wer das nicht sieht, den belehrt auch

Orbáns fulminanter Wahlsieg nicht mehr. Wir aber, in Ungarn geborene, begeisterte Österreicher freuen uns mit dem ungarischen Volk.

Es gibt allerdings auch im Orbán-Regime gewisse ungelöste Fragen. Ungarn ist das einzige Land Europas, das den enteigneten Landsleuten nichts zurückgegeben hat. Wir wundern uns darüber, sind aber in einem langen Leben vieles gewohnt. Auch jene Enteignungen ausländischen Grund und Bodens, die so, wie sie von den Medien kolportiert werden, ernstlich zu hinterfragen und, wenn sie wirklich stimmen, auch zu kritisieren sind. Ungarn hat nach der Ausbeutung durch die Russen unendlich viel verloren. Seit der Befreiung im Jahr 1990 muss es den Lebensstandard einfach anheben. Das geschieht nun. Die EU hat Ungarn viel geholfen und hat daher auch einen Anteil am Aufschwung, den auch westliche Medien nun endlich zugeben. Die Partei Orbáns hat viel für Ungarn getan. Und der Kommunismus zerbröselt in unserem Nachbarland viel schneller als zum Beispiel im Osten Deutschlands. Denn auch die Schreckensherrschaft Béla Kuns ist bei unseren Nachbarn nicht vergessen. Es geht in Ungarn endlich aufwärts.

Gedanken zur Rehbrunft

Verzeihen Sie mir bitte eine längere Einleitung. Einem alten Menschen wird es wohl gestattet sein, zurückzuschauen. Die Zukunft ist Sache der Jungen oder der sich jung Dünkenden. Wenn ein „uralter" Mensch noch den Drang hat, seine Gedanken und Erfahrungen zu formulieren und weiterzugeben, so ist es auch seine Pflicht, es zu tun. Der liebe Gott gibt den Menschen verschiedene Talente. Er erwartet aber auch, dass diese Talente benützt werden. Es soll immer das oberste Gebot sein, mit gutem Beispiel voranzugehen. Keine Mahnung, keine Kritik vermag so viel zu bewirken als das gelebte Beispiel. In jedem Menschen lebt der Keim zum Besserwerden, zur Umkehr, wenn falsche Wege betreten wurden. Auch im ehemaligen Verbrecher.

Als ich vor vielen, sehr vielen Jahren begann, Artikel und später Bücher zu schreiben, war es für mich immer selbstverständlich, meine Erfahrungen und Erkenntnisse dem Leser weiterzugeben. Man hat mich dafür am Anfang in manchen Kreisen gerügt: „Wieso verrät er der Öffentlichkeit alle seine Geheimnisse?" Den Menschen zuliebe, einfach einem Christuswort folgend: „Liebe Deinen Nächsten wie Dich selbst." Dazu gehört aber auch die Bedingung, dass man sich selbst liebt, denn wer sich nicht liebt, kann auch keine Liebe weitergeben.

Jeder Mensch, so auch ich, hat spezielle Gebiete, in welchen er sich auskennt. Das Leben ist viel zu kurz, um weit zu greifen, damit kommt man nie an sein Ziel. Man muss sich auf das konzentrieren, was man zu können glaubt, immer vor Augen haltend, dass es auch bei Spezialisten auf dieser Erde keine Vollständigkeit gibt. Und noch eines ist sehr wesentlich. Wenn man etwas veröffentlicht, soll niemals der Name des Autors das Wichtigste sein, sondern allein der Inhalt. Ich kenne die Eitelkeiten mancher Autoren. Manchem ist es wesentlich, seinen Namen gedruckt zu lesen – schwarz auf weiß, in womöglich oft erscheinenden Massenblättern. Man kann das bei etlichen Leserbriefschreibern beobachten. Ihre Namen sind bekannter, wie die der meisten Politiker. Viele sind alles eher als dumm. Sie folgen in ihren Themen immer dem gängigen Trend. Leute, die in Leserbrief-Rubriken veröffentlichen, vermeiden es dabei, die brennenden, wirklich wichtigen Themen zu behandeln. Das hat aber auch oft andere Gründe, denn die verantwortlichen „Sortierer“ werfen oft vieles in den Papierkorb, was für die Leser wirklich interessant wäre. Heute ist natürlich derjenige im Vorteil, der elektronische Geräte benützt. Wenn ich an meine Leitartikel im alten Kittenberger-Nimród (zwischen 1946 und 1948) denke, so ist der Unterschied zu heute sehr groß. Damals lebte ich als einfacher Hilfsarbeiter in Csákberény. Im Dorf gab es eine einzige Schreibmaschine im Gemeindeamt. Ich musste den Dienstschluss abwarten und der war immer um 18 Uhr, dann durfte ich die Maschine benützen. Ich habe mir schon damals angewöhnt, meinen Text direkt, ohne „Roh-Schrift“ einzutippen, denn die Zeit war kurz bemessen. Damals schrieb ich neben sehr vielen Artikeln auch zwei Manuskripte für die vom Chefredakteur Kálmán Kittenberger geplante „Kleine Nimród-Bibliothek“ (Nimród-kis-könyvtár). Das eine war dem Thema Treibjagd gewidmet, die ich ja schon alljährlich als Kind erleben durfte, das andere lautete auf „Die Kunst des Rehblattens“, so wie ich sie ebenfalls als Begleiter meines Vaters erleben durfte. Mein später im Leopold Stocker Verlag in deutscher Sprache erschienener „Rehruf“ (1. Auflage 1988, 2. Auflage 2000) beinhaltet alle mir wichtig erscheinenden praktischen Ratschläge für den Anfänger in dieser Jagdart. Seit einigen Jahren werden sämtliche Jagdzeitschriften, garniert mit wunderschönen Fotos, mit Beiträgen über die Blattjagd geradezu überschwemmt. Dass dabei mein „Rehruf“ nicht einmal in einer Fußnote erscheint, kränkt mich nicht, weil ich, wie schon erwähnt, des Inhalts und nicht meines Namens wegen schreibe. Aber dass der Gigant in der Blattjagdforschung und weltberühmte Rehwildspezialist Herzog Albrecht von Bayern nicht erwähnt wird, wundert mich doch sehr. Wenn Artikelschreiber über das von ihnen vorgetragene Thema auch viel wissen, kommt es nicht selten vor, dass sie, ohne „abschreiben“ zu wollen, manche originelle Ideen eines literarischen Vorgängers so benützen, als wären sie die ihren. Das ist irgendwie verständlich, denn wir alle lernen ja von anderen, auch in den Schulbüchern. Aber im Zusammenhang mit der in letzter Zeit so wuchernden Blattjagdliteratur den „Papst der Rufjagd“ nicht einmal zu erwähnen, ist schon eigenartig. Die Jagd auf Rehböcke in der Brunft basiert zu einem großen Teil auf selbst gemachter Erfahrung. Das ist einfach nicht zu leugnen. Junge Autoren haben weniger Erfahrung als alte – einige Ausnahmen bestätigen die Regeln.

Durch die Großzügigkeit meiner Freunde konnte ich jahrzehntelang herangeblattete Böcke erlegen. Fragen Sie mich nicht, wie viele, ich weiß es zwar genau, will es aber nicht publizieren. Meinen ersten wirklich starken, alten Bock schoss ich Anfang August 1943, also vor genau 70 Jahren in Székelyhid, wo ich mit Bruder Feri etwa zehn Tage weilte. Er näherte sich in der dichten Goldrute am Stich, nachdem ich mit dem einfachen Gaisenruf geblattet hatte. Ich war damals 16 ½ Jahre alt. Heute bin ich 88 Jahre alt. Sie können sich gut ausrechnen, wie viele Böcke ich am Ruf angesprochen oder erlegt habe. Ich war Stammgast in den Revieren Güssing, Rechnitz, Horn und Dobersberg und das jahrzehntelang. Ich weiß, wovon ich spreche und meine Ratschläge sind ehrlich und gut gemeint. Und nun einige davon:

1. Auswahl des Blattplatzes

Wohl das Wichtigste beim ganzen Unternehmen. Der Platz, an dem wir blatten, sollte mindestens 80 Schritte vom nächsten Einstand entfernt sein. Man muss in alle Richtungen gut sehen und auch schießen können. Man sollte grundsätzlich den Bock vom Hellen ins Dunkle locken. Viele Pirschführer benützen Hochstände am Rande einer Dickung mit Ausschuss auf einen Schlag oder eine Allee. Das ist falsch. Der alte Bock schleicht sich ungesehen in der Dickung bis zum Hochstand an. Uns bleibt nur ein kurzer Schrecklaut oder der Laut eines wegspringenden Rehs. Günstig ist immer ein speziell für das Blatten gebauter niedriger Hochstand oder ein Bodensitz, in dem man sich ungesehen und ohne Lärm umdrehen kann. Denn merke: Meistens kommt der Bock von hinten.

Wenn kein gebauter Blattstand vorhanden ist, stehen wir vor einem relativ dicken Baum. Den Rücken lehnen wir an den Stamm, in der linken Hand den am Zielstock angestrichenen Vorderschaft unserer Büchse. Mit angelehntem Rücken gibt es kein Wackeln. Man sollte nie im Sonnenlicht stehen, wenn man blattet, auch nicht nur teilweise. Niemals ohne genügend Ausschussmöglichkeit blatten. Ein idealer Blattplatz, den man schon Wochen vor der Brunft aussuchen sollte, ist wichtiger als der Wind, denn in einer Richtung ist der Wind immer schlecht.

2. Ratschläge zum eigentlichen Blatten

Der Ton des Blatters ist wichtiger als die Blattfolge. Fangen Sie immer zuerst mit dem Gaisenruf an, da kann eigentlich nur ein Bock springen. Bleiben wir vor dem Blatten immer mindestens fünf Minuten völlig lautlos (und auch vor dem Verlassen des Blattplatzes). Bleiben wir immer mindestens eine halbe Stunde am Blattplatz. Niemals einem abspringenden Bock nachblatten. In manchen Fällen (zum Beispiel, wenn man unweit ein allein stehendes Kitz gesehen hat) sollte man mit dem Kitzruf anfangen. Auch Böcke kommen manchmal auf den Kitzruf, aber man erwartet die Muttergais, die den Bock „mitbringt“. Leider ist das eher selten der Fall. Der Sprengfiep, laut und brutal oft ausgestoßen, kann sehr erfolgreich sein. Ich persönlich mag ihn nicht besonders. Es wird damit das Revier beunruhigt.

3. Ratschläge für den Schuss beim Blatten

Der erste Eindruck ist meistens der richtige. Im Getreide springende Böcke nicht am Stich beschießen. Genau feststellen, wo der Wildkörper ist. Dann kann man ins (trockene) Getreide schießen, wo man das Blatt vermutet. Niemals ins nasse Getreide schießen, es wirkt eigenartigerweise wie Beton. Nach dem Schuss immer sofort repetieren. Nicht auf flüchtige Böcke schießen. Immer sehr genau und schnell den Bock ansprechen, damit man ja keine Gais trifft, die sich unbemerkt an seine Stelle gestellt hat. Wenn man mit Begleitung pirscht, womöglich Rücken an Rücken stehen oder sitzen. Niemals eine hastige Bewegung machen. Nie Hochrasanzbüchsen verwenden. Beim Blatten schießt man doch manchmal durch Astwerk, das das Geschoss der Hochrasanzbüchse verschlagen würde. Das Motto bei der Blattjagd: Zeit lassen, nicht hudeln!

Erfreuliches über die Waldschnepfe – vom Rekordjahr 2013 in Ungarn

Wenn man die Jagdzeitungen aus der zweiten Hälfte des 19. Jahrhunderts aufmerksam liest, kann man feststellen, dass sich die damalige Jägerschaft Sorgen um den Bestand der Waldschnepfe machte. Manche Artikelschreiber verlangten sogar eine Einschränkung der Waldschnepfenjagd.

Dazu muss man sagen, dass seit der „Demokratisierung" der Jagd viele „Neujäger" der Schnepfenjagd großes Interesse entgegenbrachten, für manche waren das „Buschieren" und der Schnepfenstrich vorerst sogar die erste und einzige Jagdgelegenheit. Außerdem wurde den Waldschnepfen auch von nichtjagdlicher Seite erheblich und unweidmännisch nachgestellt. Ein alter, heute schon lange verstorbener Revierjäger aus der Umgebung von Grambach erzählte mir einmal, dass in seiner Jugend fast alle Bauern nachts auf den Feldern wurmenden Schnepfen mit Schlingen nachstellten, wobei diese Schlingen zumeist aus Rosshaar gefertigt waren. Außerdem schoss man Schnepfen fast ausschließlich in der Nacht aus gut getarnten Schirmen bei Mondlicht. Die Waldschnepfen haben die damalige Wilderei ebenso überstanden, wie auch die plötzlichen Unwetterfronten, und zwar meistens zur Zeit ihres Durchzuges, ob im Frühling oder im Herbst.

Als ich – verwöhnt von unserem herrlichen Schnepfenrevier in Csákberény – 1948 endgültig nach Österreich und speziell in unsere schöne Steiermark kam, sagte man mir, dass in der Steiermark und in Kärnten fast ausschließlich der Herbstzug stattfindet. Anfang der Fünfzigerjahre fanden wir gemeinsam mit Büchsenmacher Alfred Bradler und dem Revierjäger des Zangtales, Penz, auf dem damals aufgelassenen Tagbau des Kohlenbergwerkes Voitsberg (es sah damals aus wie eine vegetationslose Wüste) einen neuen und billigeren Wurftaubenstand. Unseren heißgeliebten Wurftaubenstand in der Dult bei Gratkorn mussten wir leider aufgeben. Damals sagte mir Oberjäger Penz, dass im Revier Zangtal, unweit des Schießplatzes alljährlich auch ein guter Frühlingsstrich stattfindet. Meine sehr intensiven Forschungen ergaben, dass im Frühling auch im Flach- und Hügelland der Steiermark – allerdings in den Fünfziger- und Sechzigerjahren – inselweise Schnepfen strichen. So kamen im Wolfsgraben bei Grambach, in einigen Revieren der Murauen, in Kirchberg an der Raab und seltener in

Gleichenberg gelegentlich Frühjahrsschnepfen vor, aber die eingefallenen Langschnäbel blieben hier nie lange. Das hat sich in den letzten Jahren geändert. Waren bis etwa 1960 die Schnepfen östlich der Linie Radkersburg, Fürstenfeld, Hartberg immer Frühjahrsgäste, so zum Beispiel in Neudau und Burgau, so kommen sie jetzt immer häufiger auch dort vor, wo sie vorher angeblich im Frühjahr niemals waren, so zum Beispiel in Stainz im Bründlwald und im Revier Lichtenhof. Das Gleiche hört man von Kärnten, wo es berühmte Herbststriche, aber kaum einen Frühjahrsstrich gab. Auch dort nehmen die Frühjahrsschnepfen zu.

Die Festlegung der Schuss- und Schonzeiten in unseren neun Bundesländern ist in diesem Fall richtigerweise Landessache. Man sollte es aber tunlichst vermeiden, sich bei Verboten auf die EU auszureden. In Niederösterreich, Wien, Kärnten und Salzburg sowie im Burgenland ist der Abschuss von Frühjahrsschnepfen erlaubt. In den anderen Bundesländern verboten. In einigen von ihnen, zum Beispiel in Oberösterreich, erst seit zwei Jahren. Was sind das für völlig unbegründete Maßnahmen angesichts der Tatsache, dass die Schnepfen eurasienweit eher zunehmen als abnehmen. Wir Fachleute wissen das.

Das Jahr 2013 war dabei in ganz Europa ein Rekordjahr. Besonders in Ungarn, wo die Schnepfen anscheinend die verschneiten Karpaten lange nicht überqueren wollten und ungewöhnlich lange blieben, aber auch in Salzburg und Oberösterreich, wo bekanntlich die Berge in diesem Jahr tief verschneit waren. Hier waren im Mittelgebirge Schnepfen in beachtlichen Mengen sogar noch im Mai zu sehen, offensichtlich Zugschnepfen, da sie nicht lange blieben. Bei meinen Ausführungen erwähne ich bewusst unsere Bergschnepfen nicht, ausschließlich die Zugschnepfen. Die im Mai in der weiteren Umgebung von St. Georgen im Attergau von einem sehr verlässlichen und erfahrenen Jäger unerwartet gesehenen Schnepfen puitzten und quorrten.

In Ungarn sind die Schnepfen 2013 lange geblieben, obgleich sie es sonst in anderen Jahren im Frühjahr eilig haben. Ein „Durchzugswechsel“ ist seit Langem das Gebiet zwischen Alpen und Karpaten, die Flugschneise führt über Mähren. Die freiwillige „Monitoring-Aktion“ beweist im Übrigen den lang anhaltenden Durchzug der Schnepfen in vielleicht noch nie gesehener Zahl in Ungarn, wobei das Grenzgebiet zu Österreich absoluten Rekord ergab.

Wir sehen schon aus diesen kurzen Ausführungen und auch im Vergleich zu den oben erwähnten pessimistischen Daten, dass die Waldschnepfen trotz der Wirren des Wetters und des festgestellten Klimawandels in ihrem Bestand trotzdem zugelegt haben. Der Abschuss während des kurzen

Voitsberg 1974: Preisverleihung nach Stechen mit dem aktuellen Weltmeister Giorgio Rosatti (195 Treffer), 2. Philipp Meran (195 Treffer), 3. Viktor Puser (189 Treffer)

Der Lebenshirsch des Autors aus dem Jahr 1988, Ungarn, Zalaigrice

Durchzugs liegt etwa bei 1–1,5 Prozent der Gesamtpopulation. Ein gewisser „Staueffekt“ ist sicher im Jahr 2013 zu berücksichtigen, aber vom Abnehmen der Waldschnepfen ist wirklich und wahrhaftig nichts zu bemerken. Nicht vergessen sollte man in den Stuben, in denen die Schonzeiten beschlossen werden, dass ein Abschussverbot der Schnepfen meist die besten und idealistisch denkenden, naturbegeisterten Jäger trifft.

Eines möchte ich aber auch noch, auf die Gefahr hin, dass es überheblich klingt, sagen. Mir ist völlig unverständlich, warum die Gesetzgeber und Schusszeitbestimmer es nicht für notwendig halten, die wirklichen Fachleute und Praktiker zu befragen. Ich, zum Beispiel, gehe seit über 80 Jahren auf den Schnepfenstrich, zuerst als Begleiter meines Vaters oder Großvaters, später, ab meinem zehnten Lebensjahr mit der 28er-Flinte in der Hand, dann mit Vaters 20er-Flinte und schließlich mit meinem, vom Eltz-Großvater geerbten, geliebten Hahnen-Sechzehner, bis diese Waffen dem Kriege zum Opfer fielen.

Etliche Leute schreiben über Schnepfen Artikel und Bücher. Nur wenige davon sind wirklich zu gebrauchen. Es wird zu viel abgeschrieben und dem Zeitgeist gehuldigt. Im Norden ist es ein wenig besser, in Skandinavien gibt es hervorragende Waldschnepfenforscher. Ich hatte die Ehre, unter der Koordination meines Freundes Dr. Heribert Kalchreuter im „Woodcock and snipe research group“ etwa 16 Jahre mitzuarbeiten. Ich berichtete anhand meiner umfangreichen Datensammlung – die etwa 40 Jahre umfasst – und aus der ich Vergleiche ziehen konnte. Denn bis zu meinem 75. Lebensjahr habe ich in vier Revieren in Ostösterreich und Westungarn alle Jahre regelmäßig alltäglich auch den Frühstrich besucht. Im Vergleich zu meinen Daten, die auf eigens angelegten Fragebögen seit Jahrzehnten jeden einzelnen Ausgang minutiös festhalten, sind die „Monitoring-Fragen“, zum Beispiel in den letzten Jahren in Ungarn, positiv zu bewerten. Sie haben das Element der zentralen Übersicht in sich, und diese müsste, meiner Meinung nach, einen Rückgang der Schnepfenpopulation ausschließen. Das international zentrale Koordinieren war Sache unseres Freundes Heribert Kalchreuter. Er hatte Kontakt mit zahlreichen internationalen Forschern erster Güte. Mir sagte er einmal, halb im Spaß: „Ich habe zwar einen zentralen Einblick, aber als Praktiker verstehst Du über Schnepfen sicher mehr als ich!“ Trotzdem ist diesem geheimnisvollen Vogel gegenüber immer eine große Demut der noch so versierten Forscher angebracht. Ich selbst habe seit einem Dreivierteljahrhundert mit den Schnepfen zu tun gehabt und bin mir trotz meiner reichen Erfahrung sehr sicher, vieles über ihr Leben nicht zu wissen. Jawohl, so ist es. Ich weiß zum Beispiel nicht mit Sicherheit, ob die Waldschnepfe zwei Mal im Jahr brütet. Ich ahne es, weiß es aber nicht mit Sicherheit, ob die Waldschnepfe bei günstigen atmosphärischen Gegebenheiten nicht auch bei Tag zieht. Niemals – ich wiederhole – niemals kann ich mit Sicherheit sagen, ob die am Vortag gesehenen Vögel noch da sind oder nicht. Das wissen einige Artikelschreiber zwar auch nicht, tun aber so, als wüssten sie dies alles. Wer das Jahr 2013 wirklich und wahrhaftig im Revier erlebt hat, der wird mit bestem Gewissen sagen können: Die Waldschnepfe ist keine gefährdete Vogelart.

Mir sind persönlich mehr als ein Dutzend Jäger bekannt, die längere Zeit hindurch zehn und mehr Schnepfen an einem Morgen- oder Abendstrich sahen. Und zwar in Ungarn ebenso wie in der Steiermark und in Kärnten. Auch in Revieren, in denen sie sonst sehr selten vorkamen. Das wird sich wohl im Monitoring (hoffentlich günstig) auswirken.

Nun möchte ich meine sogenannten Fragebögen, die ich seit etwa 40 Jahren führe, etwas detaillierter erläutern. Zuerst kommt das Datum, anschließend folgende Rubriken: Ort des Striches, Abend oder Morgen, erlegt, gefehlt, vorgekommen, selbst gesehen, Geschlecht des erlegten Vogels, alt oder jung. Bei Erlegung außerdem: Gewicht, Stecherlänge, Zeit der Erlegung. Außerdem wird im besuchten Revier vom ersten gefallenen Schuss bis zum letzten die Zeitspanne vermerkt, um die Länge des Stiches festzuhalten. Es folgen das Wetter und Spalten, für Anmerkungen, Allfälliges. Es ist klar, dass ich jetzt in meinem hohen Alter bei weitaus weniger Schnepfen meine Messungen durchführen kann als etwa früher. Trotzdem führe ich diese Arbeit weiter, solange ich kann.

Es wäre eine Koordinierung und Zentralisierung ähnlicher Verzeichnisse sicher von Nutzen. Hinzufügen möchte ich, dass die Schnepfen, die durch unser Land ziehen, einesteils von Süditalien, andererseits von Nordafrika kommen. Die Letzteren sind größer, gut genährt, kommen später und balzen manchmal bis in den Mai.

Ich spreche nicht von unseren Brutschnepfen, die auf den Almen und in den Latschenfeldern brüten, sondern, wie schon erwähnt, von den Schnepfen am Durchzug, die im März und April im Flachland und in den niedrigen Bergen für relativ kurze Zeit erscheinen. Tatsache ist, dass die Populationen, die uns einesteils im Frühjahr, andererseits im Herbst „besuchen", nicht dieselben sind. Das erkennt man an den verschiedenen Gewohnheiten, am Verweilen in anderen Biotopen. Zum Beispiel wird der Frühjahrsschnepf, der durch die Balz unvorsichtiger ist, instinktiv fast immer in großen Waldkomplexen liegen. Im Herbst genügt eine kleine Feldremise, ein Windschutzgürtel oder vor allem der allgegenwärtige Mais, in dem unser Vogel sich am sichersten fühlt. Der Zug im Herbst erfolgt vor allem von Nordost nach Südwest. In Ungarn und Polen beringte Schnepfen wurden auch schon wiederholt in der Bretagne oder der Normandie zur Strecke gebracht. Beringte Vögel, die bei uns erlegt werden, können sogar aus England kommen.

Schnepfenjäger sind alles andere als Schießer. Sie gehen zehn Tage ins Revier, ohne eine Schnepfe zu sehen und dann plötzlich ist der Wald voller Vögel. Eine Beobachtung, die ich immer wieder machte. Sind viele Schnepfen im Revier – egal ob im Herbst oder Frühjahr – streicht der erste sehr früh und der letzte sehr spät. Immer wieder möchte ich meine Überzeugung wiederholen: Wir wissen trotz Forschung wenig über diesen Vogel. Und noch etwas: Sind Sie schon ernst zu nehmenden, nicht jagenden Schnepfenforschern begegnet? Ich nämlich nicht.

Ich wünsche den Jägern einen guten Anflug.

Nicht geladen oder gesichert

In der Gegend von Marcali in Ungarn hatte ich im Jahr 2013 im Oktober folgendes Abenteuer mit einem riesigen Fuchsrüden.

Wir fahren langsam mit dem Geländewagen. Plötzlich sagt Attila, der hinter mir sitzt: „Fuchs!" Meine Büchse ist noch im Futteral. Beim Erreichen des Reviers habe ich unterladen. Der Fuchs steht auf circa 80 Meter und passt offensichtlich auf Mäuse. Vor uns ist eine Baumgruppe. Der Fuchs hat den Wagen und mein Aussteigen nicht wahrgenommen. Es ist helllichter Tag. Ich ziele über eine ideal gewachsene Astgabel sehr sorgfältig. Nachdem ich entsichert und gestochen habe, krümme ich langsam, ganz langsam den Finger. Im Zielfernrohr sehe ich, wie riesig der Fuchs ist, wir alle haben ihn im ersten Moment für ein Reh gehalten. Ich bin mir meiner Sache sicher. Doch es macht nur ein enttäuschendes „Klick". Der Fuchs hat es vernommen, macht einige unwillige Schritte in die nächste Deckung und ist dahin. Ich habe nicht geladen! Nicht die Patrone hineinrepetiert!

Am nächsten Tag sind wir am selben Ort. Dieses Mal sitze ich auf einem Sitzstock, habe den Rücken an eine Eiche gelehnt, vor mir der tief eingerammte, unbewegliche Bergstock. Wir warten zehn Minuten und ich sehe – offensichtlich – denselben Fuchs plötzlich erscheinen. Er kommt auf uns zu, immer wieder verschwindend. Dann ist er plötzlich auf 25 Meter heran. Er stellt sich breit. Ich habe ihn herrlich im Zielfernrohr, alles ist „rot". Schon habe ich gestochen, ziele ganz ruhig, ziehe langsam ab. „Klick." Diesmal habe ich nicht entsichert! Der Fuchs verhofft und verschwindet in der Saat. Ich hatte diesmal wohl geladen und gestochen, aber nicht entsichert. Noch einmal sehe ich sein ungewöhnlich breites Haupt. Ich habe den Zielstock inzwischen etwas versetzt. Will auf das Haupt schießen, ziele sehr sorgfältig und ziehe ab, wieder „Klick", abermals nicht entsichert. Als der Fuchs nun auf etwa 80 Meter am Waldrand völlig frei erscheint, steche ich das diesmal entsicherte Gewehr, will schnell schießen, aber der Fuchs macht einen Sprung (wahrscheinlich, um eine Feldmaus zu fangen) und ist verschwunden. Ich bin fassungslos. Nicht, dass ich tief enttäuscht wäre, das Abenteuer mit diesem Fuchs am helllichten Tag gehört aber zu meinen unvergesslichen Jagderlebnissen.

Wenn ich zurückdenke, passiert mir Ähnliches fast alle Jahre auf der Rehpirsch. Ganz besonders beim Blatten. Vom Blatt-Hochstand aus gelingt es aber meistens, unbemerkt zu entsichern und doch noch Weidmannsheil zu haben, aber es sind mir auf diese Weise, besonders alte, Böcke auch schon abgesprungen.

Seit einigen Jahren entsichere ich darum meinen Mannlicher-Stutzen gleich, wenn ich auf einem Blatt-Hochstand Platz nehme. Doch beim Hingehen zum Blattstand habe ich das geschulterte Gewehr natürlich immer unterladen.

Ein Mal passieren wir mit dem Förster einen tiefen, verwachsenen Graben. Es ist plötzlich ein Gerumpel zu hören und auf etwa 15 Schritt springt ein anscheinend uralter, abnormer Bock aus dem Graben heraus. Verbogene, pechschwarze, kurze und dicke Stangen. Der Bock ist sehr stark im Wildbret. Ich warte auf sein Verhoffen, ziele freihändig auf ihn, nicht viel weiter als auf 20 Meter. Im Zielfernrohr sehe ich auch eine Pendelstange, also ein abnormer, uralter Dreistangenbock. Auf das „Klick“ erfolgt eine panische Flucht. Kein Wunder, ich stehe ja mit dem Förster ganz nahe und frei. Der Bock ist verschwunden. Drei Tage hintereinander gehe ich auf diesen Bock, den der Förster vorher nie gesehen hatte. Wir blatten in allen Tonarten, sitzen einen halben Tag auf dem Hochstand, doch der „Fremdling“ wurde nicht wieder gesehen.

In Südungarn bin ich im September immer auf Türkentauben eingeladen. Das ist im Revier, in dem ich alljährlich im Frühjahr meine starken Böcke erbeute und wohin sie mich aus diesem Grund eben auf Tauben einladen. Es sind nicht übermäßig viele Tauben. Meine Tagesstrecken variieren je nachdem, wie weit das Sonnenblumenfeld von den Siedlungen entfernt ist, und auch wie oft die Türkentauben schon bejagt wurden. Ich schieße pro Tag niemals mehr als 80 bis 100 Türkentauben, wenn viele Sonnenblumenfelder weit verstreut sind, naturgemäß auch weniger. Da ich Wert darauf lege, dass mit guten Hunden die Tauben aufgeklaubt und auf die Strecke gelegt werden, sind wir bis zur Dämmerung am Feld. Einmal beobachteten wir, dass bei gutem Schusslicht drei Jungfüchse die etwas weit heruntergefallenen Tauben „greifen“. Da entschließen wir uns zu folgender Maßnahme: Wir lassen auf gut einsehbarem Gelände einige Tauben liegen. Und die Jungfüchse kommen!

Einer meiner ständigen Begleiter, der Oberjäger Zsolti Ocskó, hat das Talent, mit dem Mund, ohne Pfeife, die Hasenklage erklingen zu lassen. An diesem Abend schieße ich zwei Füchse mit der Kugel, einen davon, nachdem ich einmal das nicht entsicherte Gewehr habe „knacken“ lassen. Doch die unerfahrenen Jungfüchse, die auf Hasenklage und Taubenwitterung kommen, kennen dieses Knacken nicht und so kann ich meine schon bald notorisch werdende Ungeschicklichkeit oder aus Vorsicht erwachsene Zurückhaltung bei diesen September-Jungfüchsen mit einem zweiten Versuch doch noch mit einer Erlegung beenden.

Das Vergessen auf das Entsichern oder sogar das Nichtladen ist bei mir nichts ganz Neues. Manche meiner Leser wissen noch, dass ich bei einem internationalen Trapturnier zwei Mal nicht geladen hatte und trotzdem mit dem höchsten von mir erzielten Resultat gewann (196 von 200).

Dieses Missgeschick ereignete sich zwei Mal im Jahr 1968, und zwar aus folgendem Grund. Auf deutsche Initiative hin hatte die FITASC kurz vorher verordnet, dass der Schütze bei seinem Gang vom fünften zurück auf den ersten Stand entladen musste. Vorher genügte jahrzehntelang die gebrochene Flinte. Bei beiden Durchgängen war ich extrem auf das Schießen konzentriert und klappte, als ich am ersten Stand an die Reihe kam, die Waffe einfach zu, aus purer Gewohnheit, glaubend, dass in den Läufen die Patronen stecken würden.

In Herzogenburg gewann ich – allerdings erst nach dreifachem Stechen – die Staatsmeisterschaft, in Pörtschach den großen internationalen Preis von Österreich, diesmal ohne Stechen, aber mit nur einer Taube Differenz zum nachfolgenden Italiener. Hätte der als Seitenrichter fungierende Szápáry mich nicht angeschrien, wäre dieses Missgeschick vielleicht noch einmal passiert. So aber nie wieder.

Zwei Rehböcke beim Blatten sind mir auf das Klicken des Stechers abgesprungen, sprangen mir aber bald auf anderen Plätzen wieder und ich konnte sie erlegen. Das eine Mal passierte es in Güssing, das andere Mal in Dobersberg, einige Jahre später. Wenn ein scheinbar verblatteter Rehbock wieder springt, ist das ein Zeichen dafür, dass er das Blatten nicht mit dem Menschen in Zusammenhang brachte. Sonst kommt ein „verblatteter" Bock im selben Jahr nicht mehr. Mir jedenfalls nicht. Als ich das einmal dem Herzog von Bayern erzählte, lächelte er nur wissend und milde und sagte: „Ich kann fast alle am selben Tag wieder zurückblatten, nur muss ich den Stand wechseln. Was bei den Windverhältnissen nicht immer einfach ist." Aber der Herzog war eben ein Genie.

Hier in meinem Salon hängen meine besten Hirsche. Der Lebenshirsch, erlegt 1988 in Zalaigrice bei Pacsa, auf einem Gestell. Wenn ich mir die Umstände seiner Erlegung rückblickend vor Augen führe, fällt mir ein, dass ich auf diesen kapitalen Hirsch mit über 240 Punkten vier volle Minuten gezielt habe, weil er über 200 Meter weit weg stand, und das Haupt am Stich am Boden hatte. Durch Zufall blickte ich einmal auf meine Uhr und die Waffe und sah, dass ich dabei über drei Minuten mit gesichertem Gewehr gezielt hatte. Sofort entsicherte ich.

Mit Begleitung bin ich ganz besonders vorsichtig beim Jagen und diese Vorsicht hat sich bewährt. In Südungarn ist man seit einigen Jahren sogar verpflichtet, in der Tiefebene vom eher hohen Plateauwagen aus zu schießen. Trotz der ständig wachsenden Deckungen und Wälder stehen dort kaum Hochstände und der Ansitz wird so durchgeführt, dass man vom Fahrerkabinendach aus schießen muss. Das Auto wird mit Laub oder militärischen Tarnnetzen so verdeckt, dass Windschutzscheibe und glänzender Lack verschwinden. Einfacher wären da schon Hochstände, die in Rehrevieren selten sind.

Links hinten im Salon hängt mein abnormer Jubiläumsbock. Ihn sahen wir ganz unerwartet und auch auf ihn drückte ich ab, ohne vorher entsichert zu haben. Er zuckte zwar ein wenig zusammen, so ähnlich wie Rehe beim Fotografieren, blieb aber doch breit stehen. Er war nicht nur abnorm, sondern auch hochkapital.

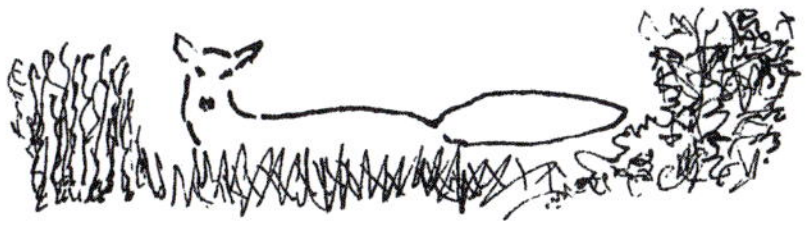

Und wieder Winterfüchse

Der Januar 2014 ist wohl der mildeste, den ich in meinem Leben erlebt habe. Wenn wir an den langen und überaus strengen Winter des Vorjahres denken, eigentlich unerwartet. In meiner Jugend war der Winter in Csákberény während der zweiwöchigen Treibjagden in unserem Wald noch ein echter Winter. Ich kann mich nicht erinnern, dass wir jemals ohne Schlitten ausgekommen sind. Die tägliche Auffahrt von zehn bis zwölf Schlitten vor unserem damaligen Heim, das war ein Anblick, den man niemals im Leben vergisst.

Wir schreiben den 15. Januar, als Attila und ich mit zwei Berufsjägern und zwei auf Füchse abgerichteten Vorstehhunden im Revier Somogyszentpál eintreffen. Die Alpen sollen angeblich verschneit sein, in Graz hat man noch wenig Schnee gesehen. Noch herrschen Plusgrade, auf einigen Berghöhen auch über 10 Grad. Vorher haben wir nördlich des Plattensees, unweit von Badacsony, mit fünf Schützen auf Füchse getrieben. Es kamen auch etliche vor, doch wurden die meisten übersehen oder gefehlt. Nur ein Fuchs fiel, den ich geschossen habe. Dafür sah ich Rotwild, eine Rotte von fünf Sauen in Schussnähe, doch traute ich mich nicht in Richtung der Treiber zu schießen. Das Gelände ist zu flach und für die vorsorglich mitgeführten Brenneke-Patronen sind 80 Meter schon recht weit. Ich avisierte die Rotte meinem Nachbarn, der aber – mit Flintenlaufgeschossen ungeübt – leider danebenschoss. Sie war ihm ganz nahe auf freiem Gelände mit dahinterliegendem Kugelfang angelaufen. An diesem Tag fallen eine Sau, ein Fuchs und sieben Fasane.

Nun wollen wir heute nach unserer altbewährten Methode jagen. Wie schon erwähnt: Attila und ich als Schützen, die Jäger und Hunde als Treiber. Auf diese Weise habe ich im Jahre 1999 am 7. Dezember in Buzsák sechs Füchse geschossen, davon vier auf einem Stand. Die Jäger berichten, dass die Ranzzeit noch nicht angefangen hat, man hört in den Nächten wenig Füchse und sieht – zum Beispiel bei Nachtfahrten – kaum welche. Einen Tag vor der Jagd aber sollen sie in der Nacht schon gut gekeckt haben. Das Wetter ist mit einem sehr milden, immer von Nordwest kommenden, gleichmäßigen, leichten Wind ideal, zumal auch die, mich doch ein wenig störende, sehr starke Wintersonne meist von Wolken verdeckt ist. Wir wollen einen bekannt guten Trieb nehmen, doch hören wir Motorsägen. Holzarbeiter sind hier am Werk. Darum geht es zum altbewährten Kontratrieb an der Bahn. Es knallt bei den Jägern. Tibor hat zwei Fasanhahnen und einen nach hinten ausbrechenden Fuchs erlegt. Ich gratuliere dem Weidgenossen herzlich. Viele Jahre habe ich mit ihm auf Füchse gejagt. Sein Fuchs ist ein etwa zweijähriger Rüde. Der sonst meistens nach vorne streichende Fasanhahn streicht mit seinem „Freund“ diesmal nach hinten. Dazu ist zu sagen, dass, wenn die Treiber und Hunde mit dem Wind im Rücken vorangehen, die Hunde erst Witterung bekommen, wenn sie das Wild schon überholt haben. Und da streicht der Fasan gerne zurück.

Meinen besten Schuss im Vorjahr machte ich bei einem kleinen „Stamperer“ südlich von Frohnleiten, nördlich vom Golfplatz Murhof. Ich saß damals auf meinem Sitzstock. Die Treiber waren noch weit. Während ein Schnellzug gegen Bruck fährt und entsprechenden Lärm verursacht, kommt völlig unerwartet und sehr schnell ein turmhoher Fasanhahn. Aufstehen geht nicht mehr. Ich werfe, auf dem Sitzerl hockend, den Schuss aus meiner altbewährten (nunmehr 112 Jahre alten) Springer vor den Hahn und er kommt, spektakulär mitten auf die Allee zwischen Wald und Damm, mausetot herunter. Der alte Hahn war so schnell, dass ihn mein Nachbar rechter Hand nur mehr fallen gehört hat. Er wurde „klein“, wie es sich bei tödlichen Schüssen gehört, aber das erzählte ich schon.

Die Schüsse aus meiner Springerflinte, Baujahr 1902, kennen meine Freunde schon lange. Sie erkennen meist auch den Erleger nach der Art des erlegten Vogels und danach, wie tödlich getroffen er herunterkommt. Die Brust voraus, den Kopf nach hinten und den langen Stoß hinaufgestellt. Ja, um die Freude, solche Schüsse machen zu können, liebe ich die kleineren Jagden. Bei über 30 Stück auf einem Stand wird der Schütze zum „Schießroboter“. Der gute Schütze schießt besser, wenn ihn viele Vögel anfliegen, der Anfänger oder mittelmäßige Schütze schießt dann schlechter. Niemand beobachtet das besser als die Treiber, Berufsjäger oder Lader. Der gute Schütze schießt zwar (fast) immer gut, unbeachtet, ob es schwere oder leichte Vögel sind. Ob er sich seine Meisterschüsse merkt oder nicht, bleibt dahingestellt. Ich halte viel davon, wenn ich nach einer Jagd, beim Einschlafen, die von mir voll und tödlich getroffenen Vögel mit meinem geistigen Auge noch einmal sehe.

Mit den Füchsen, die angetrieben werden, verhält es sich ähnlich und, weil sie seltener vor meine Flinte kommen, intensiver. Ich habe es schon oft beschrieben und scheue mich trotzdem nicht, es zu wiederholen. Ich liebe die getriebenen Winterfüchse mit allerkleinstem „Apparat" aus folgenden Gründen: Es ist völlig unsicher, ob ein oder mehrere Füchse im Trieb sind. Man sucht sich zwar nach Erfahrung den günstigsten Stand aus, trotzdem weiß man nicht, ob er kommt, wo er kommt, wie er kommt und wann er kommt. Ohne guten Wind Füchse zu treiben, ist völlig sinnlos. Die kleinste Menschenwitterung durch eine noch so schwache Brise, lässt ihn mit Sicherheit umkehren. Komischerweise stören ihn Schüsse nicht. Beweis: Vier Füchse auf einem Stand! Beim Lokalisieren des Knalls scheint es beim Fuchs zu hapern. Wir lassen uns Zeit und sind doch viel schneller als mit fünf Jägern und vier Autos.

Es geht zum zweiten Trieb, der unweit des Stausees stattfindet und wo es von Wasservögeln wimmelt. Enten, Kormorane, Schwäne (viel zu viel), am Rand Reiher, Silberreiher mehr als Fischreiher, aber keine einzige Gans. Diese kommen erst zum Plattensee, wenn es minus 10 Grad hat. Vorläufig sollen sie auf den Teichen von Tata sein, unweit des Schlosses, das Franz Esterházy gehörte.

Es ist kein Fuchs vorgekommen, obgleich es sehr stark nach ranzenden Füchsen riecht. Da die Kormorane hier frei sind, meiden sie es verständlicherweise, in Schussdistanz zu kommen. Die Enten fühlen sich aber in der Mitte des Stausees sicher. Übrigens ist keines der zahlreichen Gewässer zugefroren. Mit den Geländewägen kann man sehr gut vorankommen, weil es so lange nicht geregnet hat.

Ich sitze am hinteren Rand einer eher breiten Allee, eigentlich einer Wiese. Ich postiere mich so, dass ich in den Trieb hineinsehen kann, selbst bin ich aber gedeckt, weil sich unmittelbar vor mir ein Schlehdorndickicht und Schilf befinden. Ich kenne den Trieb, diesen Stand hatte ich noch nie, aber dort, wo ich schon oft Füchse erlegt habe, ist heute kein guter Wind. Bei den Treibern knallt es und links auf der Flanke höre ich den hellen Laut von Attilas 16er-Frommer. Die Zeit rinnt dahin. Ein Instinkt lässt mich jetzt aufstehen. Die Hunde von Tibor und Jani bellen kurz, wenn sie auf eine frische Fuchsfährte kommen. Ich stehe mit gespreizten Beinen da, etwas nach rechts gewandt, denn nach links kann man ja ohnehin leichter schießen. Mir kommt es vor, als hätte ich einen Fasanhahn kurz gackern gehört. Und dann ist plötzlich der Fuchs da. Er rast förmlich auf die Allee zu, mir bleibt nichts übrig, als mit der herrlich liegenden Springer hinzuschießen. Distanz etwa 25 Meter, Munition Brunnsteiner 3,5 mm. Ein Schnapper, wie er im Buche steht und der Fuchs überschlägt sich zwei Mal und bleibt regungslos liegen, nicht einmal ein Zittern der Lunte ist zu sehen. Eine warme Welle der Freude erfasst mich. Ja, ein Schuss und mausetot, so soll es sein. Wie ich in diesem Revier bei den hiesigen Jägern bekannt bin:

„Wenn der Herr Meran einmal schießt, dann liegt der Fuchs“, so ihre Diktion. Während ich voller Dankbarkeit und echter, reiner Weidmannsfreude bin, ist schon der Hund da und zaust den Fuchs ein bisschen. Der Hund hat den schönen Namen „Athos“. Dann kommen die Freunde. Attila sieht den Fuchs sofort, denn er liegt am Rand der Allee, durch seine Schnelligkeit und das zweimalige Überschlagen, obgleich er von vorne kam. Er hat mich, der ich gut gedeckt stand, nicht wahrgenommen. Die Wahl meines Standes war richtig. Tibor, der alte Fachmann, sieht auch sofort die kleinen Schweißtropfen am Kopf hinter dem Gehör und am Nacken des Fuchses. Attila schreitet die Distanz ab. Es sind 28 Meter. Der Fuchs ist groß, völlig gesund, mit einer herrlichen Lunte. Nun nehmen wir einen heißen Tee zu uns und je ein Sandwich, das mit Wurst, Käse und Paprika „gefüllt“ ist. Auf meinem Sandwich ist ein, von Attila so geliebter, scharfer Paprika. Ich entferne ihn, trotzdem ist mein Mund nachher noch „verbrannt“.

Nun würde der Brückentrieb folgen, doch wir müssen ihn des Windes wegen umgekehrt nehmen. Mit Attilas Geländewagen fahren wir auf einem großen Umweg zu einem Hochstand. Ich beziehe den ersten Stand am Rande eines tiefen Grabens, wobei mir der ausgetretene Pirschsteig zugutekommt. Attila überquert den Graben und stellt sich am jenseitigen Rand des Waldes auf, etwas näher zu den Treibern, als Flankenschütze, der gut in den Trieb sehen kann. Der Trieb ist sehr lang und ich weiß, dass mehrere Schilfmatten in ihm sind.

Es ist genügend Zeit, um nachzudenken. In der Früh war ich bei der Friseurin (2 Euro) und las dort die ungarische Tagessportzeitung. Über den jetzt wirklich aktuellen Schisport liest man nichts, außer einen kurzen Bericht über Thomas Morgensterns zweiten schweren Sturz beim Training auf der Kulmschanze. Gerade jetzt, vor den olympischen Winterspielen und in der Form seines Lebens, ein großes Pech. Sonst sind in der Sportzeitung nur Berichte über Handball, Volleyball, Eishockey, Basketball und Tennis, wo beim Australian Open 50 Grad Hitze herrschen. Dabei fährt eine ungarische Schiläuferin, Edit Miklós, beim Weltcup mit. Eigenartig.

Ich sehe gut in den eher tiefen Graben, der etwas Wasser führt und rechts in einen Teil der Dickung, die auf der Höhe des Hochstandes endet. Jetzt dürften die Treiber schon ein Drittel des langen Triebes durchgenommen haben. Zwei Mal höre ich das typische, kurze Melden eines Fasanhahnes. Der Wind ist weiterhin gut. Dann schießt Attila zwei Mal, eine Sekunde früher sehe ich einen großen, sehr hell gefärbten Fuchs weit im Hochwald in seine Richtung schnüren. Auf die Schüsse wendet der Fuchs und nähert sich halbschräg meinem Stand. Unmittelbar neben mir ist eine Dickung mit armdicken Erlen und Weiden, darin erblickt mein geübtes Auge eine kleine, längliche Blöße vor einer uralten Eiche. Der Fuchs ist zwar schnell, hat aber keine Ahnung von meiner Anwesenheit. Im Halbanschlag erwarte ich ihn und bevor er die dicke Eiche erreicht, lasse ich meine Springer „reden". Wie vom Blitz getroffen liegt er im Feuer. Auch dieser Fuchs rührt weder Lauf noch Lunte. Die Entfernung bis zum Baum beträgt etwa 18 Meter. Die vorpreschenden Hunde bemerken den toten Fuchs gar nicht. Dann höre ich Attila mit den Treibern reden. Sie kommen, einen Rüden schleppend, zu mir und stellen nur eine Frage: „Wo liegt er?" Nun hat ihn Athos endlich in der Nase. Attila kam der Rüde auf dem Feld. Er schoss zwei Mal. Die am selben Wechsel ihm gekommene Feh wendete und kam mir. Eine erfolgreiche Fuchsjagd geht zu Ende, es liegen vier Füchse und vier Fasanen.

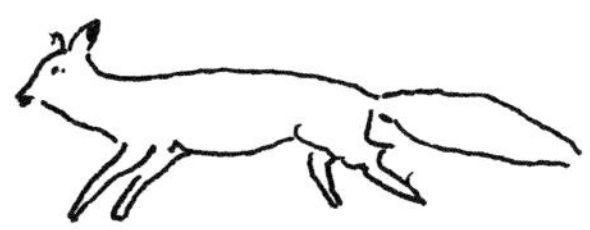

Der verpasste Septemberbock

Ein Leben lang habe ich in meinen Artikeln und Büchern darauf hingewiesen, dass es in der Natur laufend Ausnahmen von den unbestreitbar vorhandenen Gesetzen gibt. In der Natur ist alles im Fließen und abhängig vom Wetter und vielen anderen Faktoren. Im Vorjahr erlegte ich einen meiner allerbesten Böcke am 1. September. Mir schien das logisch zu sein. Zuerst die lange „Feistzeit", dann die Brunft, wobei die alten Böcke meistens bei irgendeiner Favoritin sind und weder den alten Einstand halten noch dort austreten, wo sie den ganzen Sommer hindurch ausgetreten sind. Sie sind also vielfach unauffindbar. Nach der Brunft kommt die Zeit der totalen Ruhe und des Ausspannens. Anfang September erwartet man dann das regelmäßige Austreten, weil die Böcke wirklich hungrig sind.

Im Vorjahr schoss ich den alten Kapitalen, den in der Brunft ein reicher Jagdgast nicht bekam. Ich schoss den Bock bei meiner ersten Pirsch. Damals waren die großen Kukuruzfelder und die riesigen Sonnenblumenschläge noch nicht ganz reif. Heuer sollte es ganz anders kommen.

Als ich am 1. September im mir nicht bekannten Revier Székkutas ankam, war die Ernte der Sonnenblumenfelder in vollem Gang. Auch dort, wo man den Einstand eines alten Kapitalbockes vermutete. Mit halbem Wind setzten wir uns in einem schmalen Wald an und warteten. Rechts vor uns war ein gut befahrbarer Feldweg. Der Jäger sagte, dass der Bock immer aus seinem Einstand herauskam, um im Waldstreifen Gräser und Blätter zu äsen, denn die Sonnenblumenfelder hatten keinen oder kaum Unterwuchs. Schon zu vorgerückter Stunde erschienen eine Gais, zwei Kitze und dahinter ein Bock, der mir den Atem verschlug. Und sie kamen in flottem Tempo immer näher. Ich wusste, dass ich diesen Bock schießen wollte. Richtete mich zum Schuss. Nun verhoffte er, stand sogar breit, aber die Gais stand vor ihm, deckte ihn fast völlig ab. Ich wartete noch auf den „Schießbefehl", der aber leider erst kam, als die Rehe in unseren Wind kamen und nach rechts wegflüchteten. Da es nicht weiter als 150 Meter war, hätte ich ihm auch auf den Stich geschossen. Attila, mein treuer Begleiter, sprach ihn als Erster als hochkapital an. Nun musste ich meine Waffe sichern und „entstechen", anschließend entladen. Der Jäger sagte, dass dies ein anderer sei. Es wurde langsam finster und wir fuhren zum Jagdhaus.

Hier empfingen uns eine stattliche Köchin, ihre Tochter und ihr derzeitiger Lebensgefährte. Das erste Abendessen, Topfenfleckerl und anschließend Kompott nahmen wir alle gemeinsam ein, circa sieben Leute. Da die Ungarn sehr belesen sind, kannten sie meine Bücher und brachten auch einige zum Signieren mit. Was in diesem Jagdhaus fehlte, das war ein Fernseher und Nachttischlampen. Heizung sah ich auch keine.

Ich entschloss mich, entgegen aller meiner Vorsätze, am nächsten Tag zur Frühpirsch zu gehen, umso mehr, als gesagt wurde, dass die Mähdrescher schon in der Früh kommen würden. Das Bett war gut und ich schlief bis etwa vier Uhr durch. Wir bestiegen das Auto des Jagdleiters und kamen noch lange vor dem Schusslicht am Rande des Kukuruzfeldes an, wo schon gut getarnt der sehr hohe Geländewagen stand, auf dem eine Art Minihochstand montiert war. Vor uns ein altes Maisstoppelfeld. Hinter uns ein eher schmaler Kukuruzstreifen und dann die großen Sonnenblumenfelder. Der Jagdleiter fuhr noch im Dunkeln mit seinem Wagen auf einem großen Umweg auf die andere Seite der Einstände. Man erwartete, dass der Bock in der Früh über die Stoppel zu seinem gewohnten Einstand wechseln würde und wir ihn hier in Empfang nehmen könnten. Das war alles gut ausgedacht und hätte um ein Haar geklappt. Wir sahen die Rehe beim Waldstreifen, konnten auch den Kapitalen vom Vortag mit Leichtigkeit ausmachen und warteten geduldig auf die „Heimkehr" der Rehe. Plötzlich setzte sich etwa um halb sieben Uhr der Bock allein in Bewegung und kam schnurgerade auf uns zu. Nicht allzu schnell, aber auch nicht langsam. Und gerade als ich ihn schon mit entsichertem Gewehr erwartete, nicht vorher und nicht nachher, sondern in dieser Sekunde, hörten wir lautes Motorengeräusch und auf dem nahen Schotterweg kam ein Geländewagen mit irrem Tempo daher, eine riesige Staubfahne hinter sich lassend. Der Bock verhoffte kurz – da hätte ich schießen sollen – dann aber sprang er ab und flüchtete weit unten am Ende des Ackers in „seine" Deckung. Von da an hatte ich noch drei Frühpirschen und drei Abendpirschen, aber den Bock sah ich nicht mehr. Auch das ist Jagd und das Pech wird uns ebenso oft zuteil wie das Glück.

Dann fuhr ich nach Kiszombor bei Makó, meinem alten Revier, wo ich heuer schon einen Bock mit 137 Punkten geschossen hatte. Hier widmete ich mich der Fuchsjagd. Der eine Jäger kann – ganz ohne Instrument – die Füchse mit Hasenklage locken und manche kommen wirklich, die jungen sogar in voller Flucht. Da verwendete ich aber ausschließlich die Büchse. An einem Vormittag schoss ich noch 20 Tauben, dann ging es zurück nach

Balatonfenyves, wo Attila viele Hirschjäger zu betreuen hatte. Einmal fuhr ich noch nach Stuhlweissenburg auf Türkentauben, die mir viel Freude verursachten, weil sie turmhoch im Wind daherkamen.

Ein Anruf aus Székkuas besagte, dass der ursprüngliche Kapitalbock gesehen wurde. Eine weitere Reise auf diese Entfernung war aber leider nicht möglich. Ich verbrachte zwei Tage – vor der Taubenjagd in Fehérvár – in der Villa Jóska in Balatonfenyves. Das waren Tage der Ruhe, des Nachdenkens und der Lektüre.

Das ungarische Fernsehen unterscheidet sich von dem westlichen in vielen Dingen. Im ungarischen Fernsehen fällt mir außerdem auf, dass von den alten, hier als Klassiker bezeichneten Filmen der Dreißiger- und Vierzigerjahre mit Paul Jávor, Antal Páger, Arthur Somlay, Gyula Csortos, Zoltán Makláry, Éva Szörényi, Zita Szeleczky, Katalin Karády, Manyi Kiss und vielen anderen jede Woche mindestens einer aufgeführt wird, damit die Alten, die doch viel zu Hause sind, sich ihrer erfreuen können. Die alten Filme – übrigens auch bei uns – zeichnen sich dadurch aus, dass wenige Nebengeräusche und fast keine Musik während der Gespräche zugeschaltet werden. Für alte Leute eine Wohltat. Auf die Schwerhörigkeit der Alten, die ohne Zweifel sehr viel Zeit vor dem Fernseher verbringen, nimmt man keine Rücksicht. Ebenfalls nicht darauf, dass die Texte für ältere Menschen viel zu schnell wieder verschwinden. Der alte Mensch ist eben langsamer als jener wahrscheinlich ewig junge 68er-Programmgestalter, der früher, als er glaubt, auch alt sein wird. Wie bei fast allen Dingen steht auch hier das Geld im Mittelpunkt. Es muss Zeit für die Werbung bleiben, für immer mehr und immer dümmere Werbung. Auch in Ungarn, wo ich viel vor dem Fernsehschirm sitze, gibt es Werbung, doch ist sie viel kürzer und außerdem zahlt der Ungar keinerlei Fernsehbeitrag.

Im Jahr 2014 brauste übrigens über Österreich eine Teuerungswelle, die wie immer die ärmeren Schichten trifft. Haushaltsgegenstände, Lebensmittel, Dinge des täglichen Lebens sind sicher um fünf Prozent hinaufgeschnellt, dazu treffen uns die fast nicht mehr existierenden Sparbuchzinsen und die von Jahr zu Jahr effektiven Kürzungen der Pensionen schmerzlich. Wegen der an die Pleitestaaten hergeschenkten Milliarden wird uns ein Sparpaket nach dem anderen verabreicht. Kurz ausgedrückt, man enteignet uns schon seit Jahren, das kann niemand leugnen.

Dabei wird auch gegen den unterzeichneten Staatsvertrag gröblichst verstoßen, der uns ein Heer vorschreibt, das unsere Neutralität zu schützen in der Lage ist, sein Budget wird laufend gekürzt, sodass man jetzt sogar auch etliche Militärkapellen abschaffen will. Papst Franziskus sagte unlängst, dass die Welt sich schon lange im Dritten Weltkrieg befindet. Unser Verteidigungsminister glaubt EU-verblendet, dass in Europa dank der Union nie mehr Kriege stattfinden werden. Sein Wunsch in Gottes Ohr!

Ein gern gelesener Schriftsteller hat es eigentlich gut. Er kann seinen Frust durch Schreiben abreagieren. So vermischt sich Altersweisheit, Erfahrung und Schreibtalent, wobei mein größter Wunsch ist, immer im Sinne meiner Leser zu schreiben – solange ich dazu noch fähig bin.

Im Gedenken an meinen Bruder

Feri, Anfang der Sechzigerjahre, glücklich in Afrika

1955: Feri mit Marie-Louise Pallavicino

Feri, 1947 illegal (ohne Waffenschein) im enteigneten Revier auf Schnepfen jagend

Kurzes Nachwort

Mit meinem 19. deutschsprachigen Buch verabschiede ich mich von meinen Lesern – vorerst. In meinem Alter weiß man nie, wann die biologische Uhr zu schlagen aufhört. Jeder will alt werden, aber nur wenige wollen alt sein. Zu diesen wenigen gehöre ich. Gott der Allmächtige hat mir ein schönes Alter geschenkt. Man ist zwar so alt, wie man sich fühlt, aber so nach dem 85. Geburtstag kommen verschiedene Altersbeschwerden. Großmutter Laja sagte und prägte uns ein: „Merkt's es euch, Altsein tut weh." Damals war sie etwa 70 Jahre und für uns Schüler war jeder Erwachsene „alt". Was ich lange nicht wusste, ist, dass im hohen Alter die Zeit dahinrennt. Der Grund ist, dass man langsamer wird und müder. Eine so schnelllebige Zeit hätten wir uns im verhassten Pensionat gewünscht, denn da dauerte ein Tag so unendlich lang, wie später die Wochen und Monate.

Bevor ich dieses Nachwort abschließe, bitte ich meine lieben Leser, die viel von mir halten und mir wunderschöne Briefe geschrieben haben, um Entschuldigung für etwaige Wiederholungen. Das ist auch ein typisches Merkmal des Alterns. Meine Interessen sind weiterhin vielfältig und die Erfahrung – in Glück und Unglück – wird hoffentlich vielen Menschen helfen. Man müsste einen nur fragen, aber gerade das geschieht nicht oder nur sehr selten. Daher schreibe ich.

Ich wünsche allen meinen treuen Lesern viel Glück, Erfolg und Gesundheit!

LEBENSLAUF

Philipp Meran wurde am 12. Dezember 1926 in seinem Heimatort Csákberény geboren.

Ein Jahr nachdem sein Vater endgültig Besitzer von Csákberény wurde, musste er nach Pécs ins Pius-Internat, wo er die letzten freien Jahre sozusagen „hinter Gittern" verlebte. Im März 1944 verließ er das Pensionat. Seine achte Klasse und das Abitur beendete er mit Auszeichnung, obwohl in Ungarn im Jahr 1946 Volksrepublik herrschte.

Sein Bruder Feri und der Autor gingen als einzige der Familie nach Ungarn zurück, von den Amerikanern falsch unterrichtet, dass dort eine Demokratie herrschen würde.

Im Herbst 1948 verließen die Brüder endgültig Ungarn, um sich in Österreich niederzulassen.

Die Mutter von Philipp Meran hatte Arbeit in einer Brauerei, der viel erfahrene Vater half dem Onkel bei der Führung seines Besitzes.

Ab April 1949 wurde der Autor Hilfskraft im Landesmuseum Joanneum. Sein Chef plante, ein Jagdmuseum zu errichten, war aber auch Chefredakteur des „Anblick". Als er 1951 starb, wollte man das Museum auflösen. Ein persönlicher Kontakt mit dem damaligen Landesrat Dr. Illig führte aber zu einem günstigen Ausgang. Philipp Meran wurde 1952 mit der Leitung des Steirischen Jagdmuseums betraut, dessen Chef er bis zu seiner Pensionierung im Jahr 1991 blieb. Er wurde ordentliches CIC-Mitglied und besuchte fast alle Jagdmuseen Europas. Der Aufbau des Jagdmuseums Eggenberg war sein Lebenswerk.

Als untrainierter Trapschütze wurde er vier Mal österreichischer Staatsmeister, gewann zahlreiche internationale Preise. 1963 wurde er in der Europameisterschaft in Brünn Vierter in der Mannschaft. Dazwischen 15 Mal Landesmeister.

Der Autor erhielt hohe Auszeichnungen des Bundes, des Landes und der Stadt Graz.

Schon 1978 erhielt er den Goldenen Ring der Landesjägerschaft. 1986 das Große Goldene Ehrenzeichen des Landes Steiermark. Er erhielt 1991 vom Bundespräsidenten den Professorentitel.

Er ist Ehrenbürger von Csákberény und hat zwischen 1977 und 2003 vier internationale Literaturpreise erhalten.

Der Autor mit einem seiner zahmen Vögel im Park von Schloss Eggenberg